高等职业教育计算机类专业新形态教材

Android 移动应用开发案例教程

主　编　王　颖　雷学智
主　审　陈伟俊

北京理工大学出版社
BEIJING INSTITUTE OF TECHNOLOGY PRESS

内容提要

本书以视频播放器项目为载体,讲解了Android应用开发中所需的基础知识。它以Android Studio作为开发环境,包含项目准备工作、视频播放项目UI设计、实现视频播放、视频播放高级控制和视频触屏控制5个模块,涵盖了Android程序开发中的程序架构、布局与控件、Activity组件、适配器编写、事件监听处理、Content Resolver组件、Broadcast组件、媒体控制、线程等相关应用开发中的知识点。

本书面向具有Java基础的开发者,适用于无Android开发基础或有一定开发基础但缺乏项目开发经验的开发人员。本书可作为高职高专相关专业的Android移动应用开发教材,也可作为从事软件开发工作相关人员的参考用书。

版权专有 侵权必究

图书在版编目(CIP)数据

Android移动应用开发案例教程 / 王颖,雷学智主编
. --北京:北京理工大学出版社,2021.8
ISBN 978-7-5763-0175-5

Ⅰ.①A… Ⅱ.①王… ②雷… Ⅲ.①移动终端-应用程序-程序设计-高等学校-教材 Ⅳ.①TN929.53

中国版本图书馆CIP数据核字(2021)第165143号

出版发行 / 北京理工大学出版社有限责任公司
社　　址 / 北京市海淀区中关村南大街5号
邮　　编 / 100081
电　　话 / (010)68914775(总编室)
　　　　　 (010)82562903(教材售后服务热线)
　　　　　 (010)68944723(其他图书服务热线)
网　　址 / http://www.bitpress.com.cn
经　　销 / 全国各地新华书店
印　　刷 / 河北鑫彩博图印刷有限公司
开　　本 / 787毫米×1092毫米 1/16
印　　张 / 11.5　　　　　　　　　　　　　　责任编辑 / 阎少华
字　　数 / 256千字　　　　　　　　　　　　 文案编辑 / 阎少华
版　　次 / 2021年8月第1版　2021年8月第1次印刷　责任校对 / 周瑞红
定　　价 / 45.00元　　　　　　　　　　　　　责任印制 / 边心超

图书出现印装质量问题,请拨打售后服务热线,本社负责调换

前言

Android 正以前所未有的速度聚集着来自世界各地的开发者，越来越多的应用程序被应用到 Android 系统的开发中，包括系统类、应用类、娱乐类、游戏类、工具类等。现在的手机应用越来越多，即使没有计算机在身边，人们也可以轻松地使用手机来完成工作，越来越多的专业或者业余开发者将精力投入手机应用开发。智能手机不再是年轻人的专属，中老年人使用智能手机的比例也在逐渐提高。

21 世纪，什么技术将影响人类的生活？什么产业将决定国家的发展？信息技术与信息产业是首选答案。高职高专院校学生是企业和政府的后备军，国家教育部门计划在高职高专院校中普及政府和企业信息技术与软件工程教育。经过多所院校的实践，信息技术与软件工程教育受到学生的普遍欢迎，取得了很好的教学效果。然而也存在一些不容忽视的共性问题，其中突出的是教材问题。

面对如此火爆的 Android 大潮，有关 Android 技术的书籍也开始登上各地书架。有适合教学的，有适合开发的，种类很多，那么选择适合自己的一本 Android 书籍就成为关键。本书正是在这种情况下编写而成的，适合有一定 Java 语言开发基础的开发者。

软件行业实践发展迅速，教材内容更新慢。企业中有新的产品和技术，学校教材中却没有及时添加相关知识。高职高专教材要求体现先进性、实用性，能够反映生产的实际技术水平。本教材中的项目内容由校企开发人员共同研究并最终确定。学校教师深入企业一线搜集资料，遇到技术上的问题与企业技术专家进行探讨，最终由学校教师编写、定稿，由企业技术专家主审。这样就从根本上保证了教材理论、实际相结合，也能反映软件企业开发一线的新技术、新方法。

本书体现了当前校企合作下的"适岗性"培养模式，注重课程项目（任务）与实践情境的开发，不断强化学习者的主动体验度，激发学习者的主动参与性。本书将一个完整的视频播放器项目划分为5个主任务，在任务中涵盖了Android UI设计、四大组件、线程、多媒体、数据存储等知识点，使学生能够了解企业项目开发的全过程，分析企业软件开发架构技巧、思路和实现方法，真正提高学生的项目开发技能、文档编写与阅读能力。

本书以实践操作为主、知识讲解为辅，引导学生在实践操作中理解与掌握相关知识点。本书以活页形式装订，也是希望读者可以根据自己对视频播放器的理解，修改或添加项目中的任务，设计与开发属于自己独有的视频播放器。

本书由辽宁建筑职业学院王颖和雷学智担任主编。具体编写分工如下：王颖负责编写模块三、模块四、模块五，雷学智负责编写模块一、模块二。全书由王颖统稿。

本书中所使用项目是学生们比较感兴趣的项目，也是在一段时间的教学过程中总结和修改完善的，在这里做成活页式也是希望读者可以根据自己的兴趣、创意继续去完善视频播放器这个项目。在此要感谢编者2018届的学生，能够在课堂上帮助编者提出很好的项目创意并帮助编者制作项目素材，感谢参考文献中书籍作者和相关网站，也感谢广大使用本书的读者，欢迎大家提出宝贵的意见和建议。鉴于编者的水平有限，书中难免有不足之处，敬请广大读者批评指正。

编　者

目录

模块 1　项目准备工作 1

任务 1.1　Android Studio 安装 2
1.1.1　下载 Android Studio 2
1.1.2　安装 Android Studio 3
1.1.3　启动 Android Studio 6
1.1.4　创建 Android Studio 项目 11

任务 1.2　Android Studio 使用 15
1.2.1　安卓项目的运行 15
1.2.2　项目的目录结构 18
1.2.3　配置 SDK 路径 20
1.2.4　新建工作区 / 项目 21
1.2.5　打开工作区 24
1.2.6　关闭工作区 25
1.2.7　快捷键的使用 26
1.2.8　生成 APK 文件 27

模块 2　视频播放项目 UI 设计 37

任务 2.1　Splash UI 设计 38
2.1.1　任务描述 38
2.1.2　任务实施 39
2.1.3　任务拓展 42

任务 2.2　主界面顶部标题栏 UI 设计 58
2.2.1　任务描述 58
2.2.2　任务实施 59
2.2.3　任务拓展 63

任务 2.3　主界面设计 68
2.3.1　任务描述 68
2.3.2　任务实施 69

任务 2.4　底部菜单栏 UI 设计 70
2.4.1　任务描述 70
2.4.2　任务实施 71
2.4.3　任务拓展 74

任务 2.5　主界面视频列表 UI 设计 77
2.5.1　任务描述 77
2.5.2　任务实施 78
2.5.3　任务拓展 81

任务 2.6　播放器控制面板 UI 设计 83
2.6.1　任务描述 83
2.6.2　任务实施 84
2.6.3　任务拓展 92

任务 2.7　视频播放界面 UI 设计 94
2.7.1　任务描述 94
2.7.2　任务实施 95
2.7.3　任务拓展 97

任务 2.8　App 引导界面的设计 97
2.8.1　任务描述 97
2.8.2　任务实施 98
2.8.3　任务拓展 105

模块 3　实现视频播放 115
任务 3.1　获取本地视频数据 116
3.1.1　任务描述 116
3.1.2　任务实施 116

3.1.3　任务拓展 ··· 122

任务 3.2　实现视频播放 ·· 124
　　3.2.1　任务描述 ··· 124
　　3.2.2　任务实施 ··· 124
　　3.2.3　任务拓展 ··· 126

任务 3.3　视频的播放和暂停 ··· 128
　　3.3.1　任务描述 ··· 128
　　3.3.2　任务实施 ··· 128

任务 3.4　SeekBar 更新视频播放进度 ··· 129
　　3.4.1　任务描述 ··· 129
　　3.4.2　任务实施 ··· 129

任务 3.5　SeekBar 实现视频拖动 ·· 131
　　3.5.1　任务描述 ··· 131
　　3.5.2　任务实施 ··· 131
　　3.5.3　任务拓展 ··· 132

模块 4　视频播放高级控制 ·· 141

任务 4.1　播放上 / 下一个视频 ··· 142
　　4.1.1　任务描述 ··· 142
　　4.1.2　任务实施 ··· 142

任务 4.2　SeekBar 调整声音的大小 ·· 144
　　4.2.1　任务描述 ··· 144
　　4.2.2　任务实施 ··· 144

任务 4.3　开 / 锁屏的实现 ·· 145
　　4.3.1　任务描述 ··· 145
　　4.3.2　任务实施 ··· 146

任务 4.4　横竖屏切换 ·· 147
　　4.4.1　任务描述 ··· 147
　　4.4.2　任务实施 ··· 147

任务 4.5　视频播放时的拍照功能 ··· 150
　　4.5.1　任务描述 ··· 150
　　4.5.2　任务实施 ··· 150

模块 5　视频触屏控制 ... 161

任务 5.1　手势识别——长按屏幕实现视频播放和暂停 ... 162
5.1.1　任务描述 ... 162
5.1.2　任务实施 ... 162

任务 5.2　控制面板自动延迟隐藏 ... 162
5.2.1　任务描述 ... 162
5.2.2　任务实施 ... 163

任务 5.3　双击屏幕改变视频大小 ... 165
5.3.1　任务描述 ... 165
5.3.2　任务实施 ... 165

任务 5.4　滑动屏幕改变声音大小 ... 165
5.4.1　任务描述 ... 165
5.4.2　任务实施 ... 166

任务 5.5　滑动屏幕实现屏幕亮度的调节 ... 167
5.5.1　任务描述 ... 167
5.5.2　任务实施 ... 167
5.5.3　任务拓展 ... 168

参考文献 ... 176

模块 1
项目准备工作

任务 1.1　Android Studio 安装

1.1.1　下载 Android Studio

进入 Android 开发者官网（网址：https://developer.android.google.cn/），从导航栏进入 Android Studio 页面，如图 1-1-1 所示，此页面版本是 2020 年 8 月发布的 4.1.2。

图 1-1-1　Android 开发者官网

如果计算机操作系统是 Windows 64 位，则单击"DOWNLOAD ANDROID STUDIO"按钮下载即可，安装文件大小为 896 MB。如果计算机是其他操作系统，请在"选择其他平台"位置选择对应的下载链接。

【温馨提示】此款软件版本最低使用 Android Studio 3 开发安卓应用。

安卓（Android）是一种基于 Linux 内核的自由及开放源代码的操作系统。它主要使用于移动设备，如智能手机和平板电脑，由美国 Google（谷歌）公司和开放手机联盟领导及开发。Android 操作系统最初由 Andy Rubin（安迪·鲁宾）开发，主要支持手机，安迪·鲁宾被称为"安卓之父"。在同事眼中，鲁宾属于"变态"的工匠，其总是试图预测行业未来的变化，与此同时，他也热衷编程等一些细节性的工作。此外，鲁宾还被视为苛刻的领导，有时甚至被认为难以共事。不过，也有同事称鲁宾对于团队不仅忠诚，而且慷慨，才华横溢。鲁宾在工作中所体现的正是工匠精神，不断地追求完善、追求创新，最终才成为行业的开拓者。2005 年 8 月 Android 由 Google

收购注资。2007 年 11 月，Google 与 84 家硬件制造商、软件开发商及电信营运商组建开放手机联盟共同研发改良 Android 系统。随后 Google 以 Apache 开源许可证的授权方式，发布了 Android 的源代码。第一部 Android 智能手机发布于 2008 年 10 月。Android 逐渐扩展到平板电脑及其他领域上，如电视、数码相机、游戏机、智能手表等。2011 年第一季度，Android 在全球的市场份额首次超过塞班系统，跃居全球第一。2021 年 5 月 19 日凌晨，谷歌正式发布 Android 12。

1.1.2 安装 Android Studio

【温馨提示】

（1）Android Studio 软件对计算机硬件的要求：Android Studio 要想运行流畅，要有足够大的内存，最低要 8 GB 才能保证流畅，更高可要求 16 GB，CPU 采用 i5 系列即可，但是如果想要提高编译与运行速度，建议使用 i7 处理器，显卡方面要求不高，独立显卡即可。

（2）因为安装过程中需要从网络中下载一些组件，所以整个安装过程需要连接网络。

（3）安装目录默认在 C 盘，安装后的文件夹占用空间大于 1 GB，所以若 C 盘剩余空间过小，可以选择安装在其他目录。

（4）如果使用 Android Studio 中自带的模拟器，此模拟器默认会安装在 C 盘，会占用 4 ～ 10 GB 的磁盘空间。

Android Studio 安装过程简述如下，以供参考，不同的安装版本或者不同操作系统出现的安装过程略有不同。

STEP 1：双击下载的安装文件，打开欢迎界面，单击"Next"按钮，如图 1-1-2 所示。

图 1-1-2 欢迎界面

STEP 2：选择安装的组件，单击"Next"按钮，如图 1-1-3 所示。

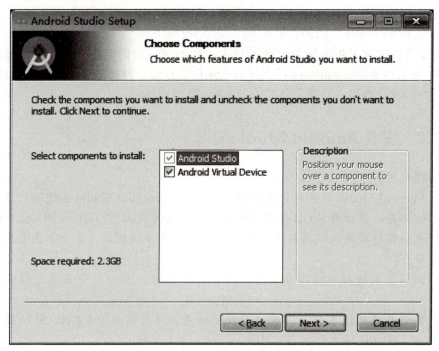

图 1-1-3　选择安装的组件

STEP 3：设置安装路径，要求目录中没有中文即可，单击"Next"按钮，如图 1-1-4 所示。

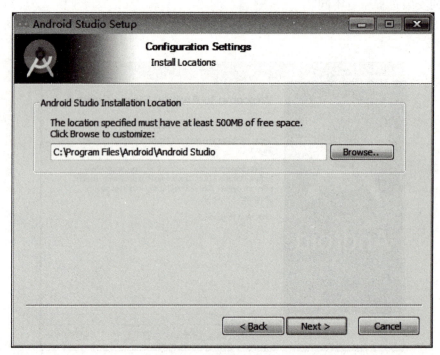

图 1-1-4　选择安装路径

STEP 4：设置开始菜单中显示的名字，默认即可，单击"Install"按钮进行安装，如图 1-1-5 所示。

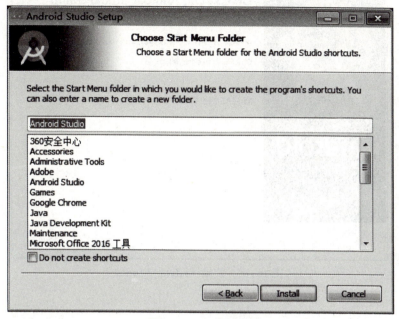

图 1-1-5　开始安装

STEP 5：安装完成，单击"Next"按钮，如图 1-1-6 所示。

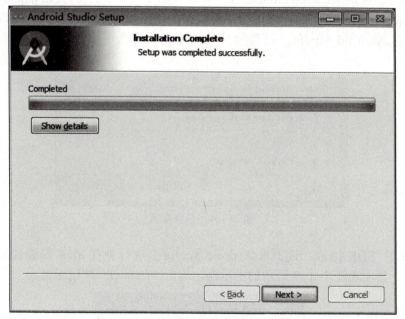

图 1-1-6　安装完成

STEP 6：完成安装，单击"Finish"按钮。选中图 1-1-7 中所示的复选框表示现在启动 Android Studio。

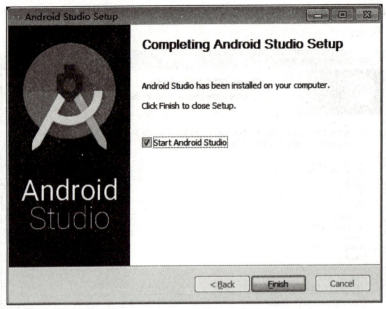

图 1-1-7　启动 Android Studio

1.1.3　启动 Android Studio

STEP 1：启动 Android Studio 后，会出现图 1-1-8 所示的提示框。如果是第一次安装 Android Studio，没有以往配置的数据，就选择第二个选项。如果以前在计算机中安装过 Android Studio，设置过其他的配置，那么可以选择第一个选项，导入配置。

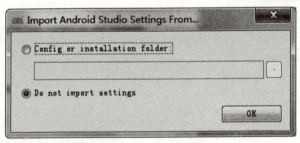

图 1-1-8　选择配置

STEP 2：SDK 提示。接下来 Android Studio 会进行查找 SDK 安装情况，由于还没有 SDK，会出现图 1-1-9 所示的提示框。单击"Cancel"按钮即可。

图 1-1-9　SDK 提示

模块1 项目准备工作

STEP 3：接下来，再一次进入欢迎界面，单击"Next"按钮，如图1-1-10所示。

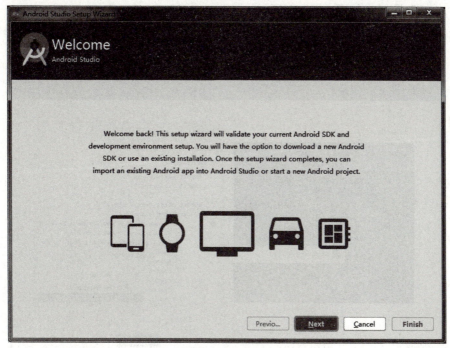

图1-1-10 配置的欢迎界面

STEP 4：选择安装类型。一般保持默认即可，单击"Next"按钮，如图1-1-11所示。

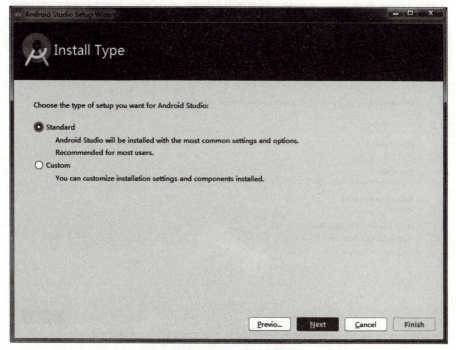

图1-1-11 选择安装类型

·7·

STEP 5：选择界面风格。此设置也可以在进入 Android Studio 项目，再进行修改，单击"Next"按钮，如图 1-1-12 所示。

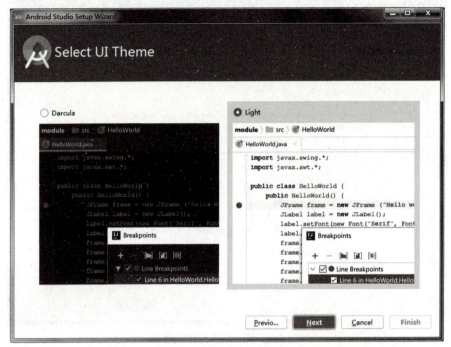

图 1-1-12　选择界面风格

STEP 6：确认配置，单击"Next"按钮，如图 1-1-13 所示。

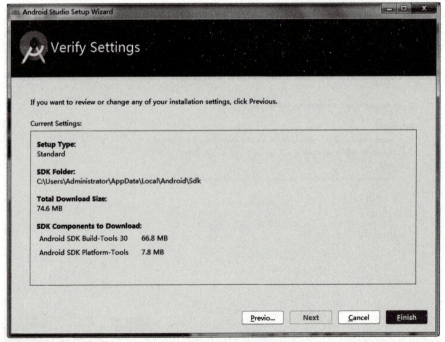

图 1-1-13　确认配置

STEP 7：组件下载，如图 1-1-14 所示。等待下载完毕后单击"Finish"按钮，如图 1-1-15 所示。

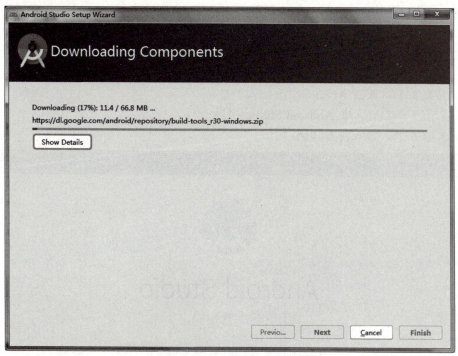

图 1-1-14　下载组件界面

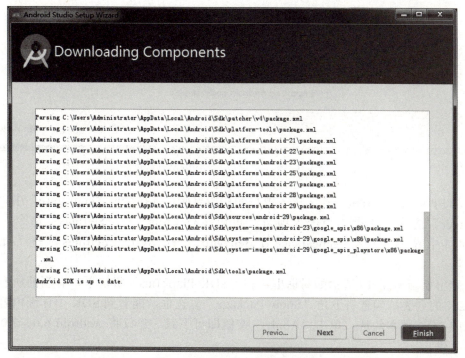

图 1-1-15　组件下载完成界面

STEP 8：欢迎界面。配置完成后会进入图 1-1-16 所示欢迎界面。窗口左边会显示曾经建立的项目，如果是第一次进来则是空的。右侧有 6 个选项，下方有 2 个菜单。6 个选项的含义如下：

（1）第 1 个：创建一个新的 Android 项目；
（2）第 2 个：打开一个已有的项目；
（3）第 3 个：从版本控制中导入项目；
（4）第 4 个：调试 APK；
（5）第 5 个：导入非 Android Studio 项目；
（6）第 6 个：导入官方样例。

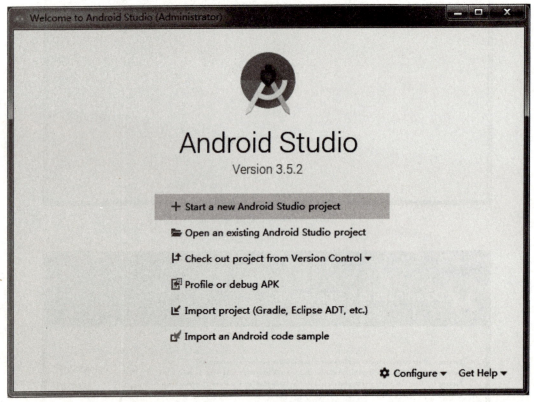

图 1-1-16　Android Studio 欢迎界面

STEP 9：配置 SDK。在未进入项目的初始界面，选择菜单"configure"中"SDK Manager"选项。如果已经进入项目，可以执行"File"→"Settings"命令，在弹出窗口中依次选择"Appearance & Behavior"→"System Settings"→"Android SDK"。

弹出如图 1-1-17 所示的对话框，在"SDK Platforms"板块下，有当前所有版本的 SDK 的列表，勾选右下角"Show Package"复选框，能看到 SDK 中详细内容。将常用的 SDK 版本勾选，单击"Apply"按钮即可下载（建议将 Android 6.0、7.0、8.0 全部下载）。

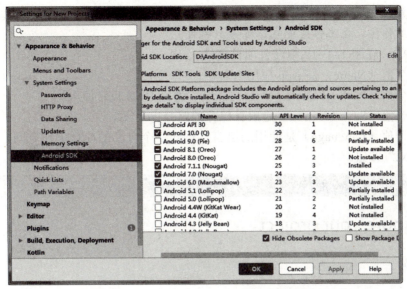

图 1-1-17　选择要下载的 SDK 版本

【注意】此处的 Android SDK 的路径不能放在刚才安装版的 Android Studio 的子目录中，目录可以同级或者是在不同的目录或磁盘中，并且目录中不能有中文和空格。

1.1.4　创建 Android Studio 项目

STEP 1：在图 1-1-16 中选择第一个选项创建一个新的 Android 项目，弹出 Create New Project 窗口，在窗口中选择"Empty Activity"项，单击"Next"按钮，如图 1-1-18 所示。

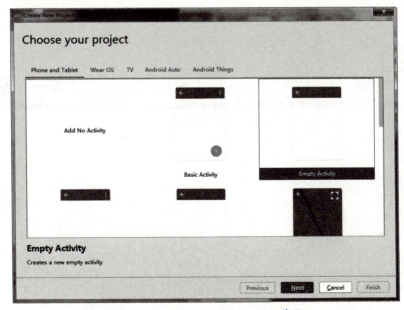

图 1-1-18　Create New Project 窗口

【注意】此步骤创建的 Project 其实也就是工作区，创建完成后会在指定目录中创建一个工作区，在工作区中包含有一个项目。

STEP 2：在图 1-1-19 中设置项目属性。

第一个值（Name）是 App 应用的名字；

第二个值（Package name）是公司域名，遵循 DNS 反转原则；

第三个值（Save location）是项目保存的路径；

第四个值（Language）是使用的语言，创建一个自己的项目工作空间，设置好后单击"Next"按钮。

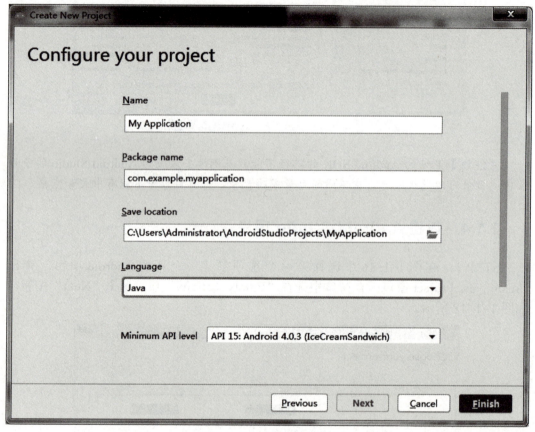

图 1-1-19　配置项目界面

问题描述与解决方法

安装 Android Studio 中出现的问题描述 1：

解决方法：

安装 Android Studio 中出现的问题描述 2：

解决方法：

安装 Android Studio 中出现的问题描述 3：

解决方法：

使用模拟器中出现的问题描述 1：

_____
_____
_____

解决方法：

_____
_____
_____

使用模拟器中出现的问题描述 2：

_____
_____
_____

解决方法：

_____
_____
_____

使用模拟器中出现的问题描述 3：

_____
_____
_____

解决方法：

_____
_____
_____

任务 1.2 Android Studio 使用

1.2.1 安卓项目的运行

【温馨提示】安卓项目可以采用以下三种方式运行：

（1）使用数据线连接 Android 操作系统手机，使用真机运行，此种方式的优点是运行速度快；

（2）在 Android Studio 中创建一个虚拟手机运行程序，调试程序方便；

（3）如果 Android Studio 中模拟器运行速度非常慢，可以选择外部模拟器（如夜神模拟器、逍遥模拟器等），功能与自带的模拟器相同，但是运行速度可能会快一些。

1．真机运行 Android 程序

STEP 1：使用数据线连接计算机和手机，计算机联网的情况下会自动安装手机驱动。

STEP 2：一般在使用数据线连接计算机和手机后，在手机端会自动出现"开发者选项"对话框，如果没有出现，需要在手机中找到"设置"→"应用程序"→"开发者选项"，将"USB 调试"打开。

如果在应用程序中找不到"开发者选项"，说明此品牌型号手机将此功能隐藏了，需要到搜索中查找解决办法。比如某品牌型号手机需要在"设置"→"关于手机"上单击 7 次才会打开"开发者选项"，此方法只供参考。

STEP 3：USB 调试打开后，在 Android Studio 工具栏 HUAWEI HUAWEI GRA-UL10 ▶ 处会看见手机名字，单击旁边的运行按钮就可以运行程序了。

2．Android Studio 自带的模拟器运行程序

首先需要创建一个模拟器，步骤如下：

STEP 1：单击 Android Studio 工具栏中的 AVD Manager 图标，出现图 1-2-1 所示的窗口，图中中间部分显示的为已经创建好的模拟器，如果是第一次创建，此处为空白。

STEP 2：单击左下角"Create Virtual Device"按钮，出现图 1-2-2 所示的对话框，最左侧的四行中选择第二项"Phone"（手机），其余三项分别为"TV"（电视）、"Wear OS"（穿戴）、"Tablet"（平板）。在中间位置可以挑选手机的型号和屏幕的大小。挑选好后单击"Next"按钮。

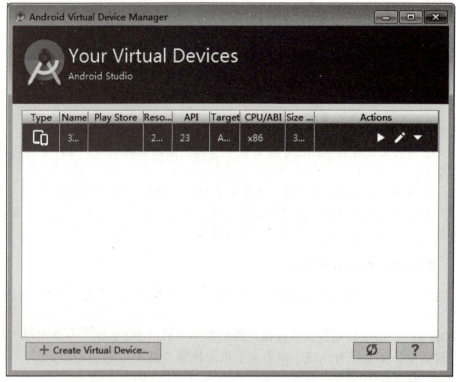

图 1-2-1　Android Virtual Device Manager 窗口

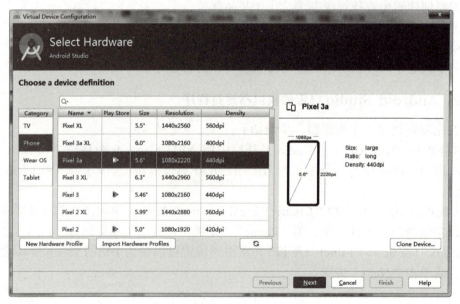

图 1-2-2　Select Hardware 窗口

【温馨提示】屏幕选择越大，模拟器运行越慢。

STEP 3：在图 1-2-3 中需要选择模拟器的操作系统版本名字，在每一个版本名字后面都有一个 Download（下载）超链接。

模块 1　项目准备工作

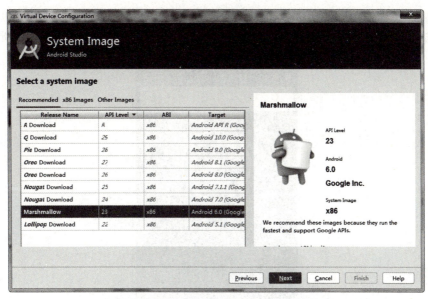

图 1-2-3　Select a system image 窗口

单击操作系统版本后面的"Download",会出现下载提示,下载完成后单击"Finish"按钮,所选择的系统版本后面就没有"Download"超链接了。选择下载的系统版本,单击"Next"按钮。

【温馨提示】每一个 Android 操作系统版本都对应一个好吃的甜点的名字,比如 Android 6.0 对应的名字为 Marshmallow(棉花软糖),若感兴趣可自行搜索。

STEP 4:最后一步如图 1-2-4 所示为验证配置,可以查看和修改前三步设置的内容、修改屏幕的方向等,最后单击"Finish"按钮完成模拟器的创建。

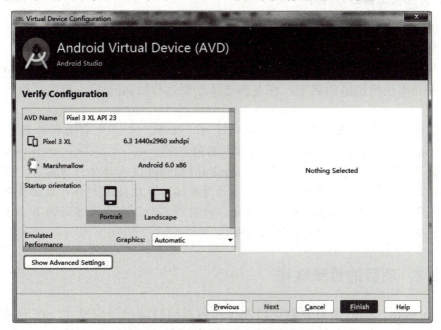

图 1-2-4　Verify Configuration 窗口

· 17 ·

STEP 5：模拟器创建完毕后再一次进入图 1-2-1 所示的窗口，此时会看见刚才创建的模拟器，单击模拟器后面的运行按钮，将模拟器运行起来，如图 1-2-5 所示。

图 1-2-5　Android Studio 自带的模拟器

STEP 6：在 Android Studio 工具栏中，会看见模拟器名字，先选择要运行的模拟器名字，再单击旁边的"运行"按钮，就可以运行程序了。

3．外部模拟器运行程序

可以选择使用第三方的模拟器运行程序，比如夜神模拟器、逍遥模拟器、雷电模拟器、海马玩模拟器等，功能与 Android Studio 自带的模拟器相同。

下载并安装好第三方模拟器后，首先运行模拟器，然后在 Android Studio 中的工具栏中会出现模拟器的名字，在左侧选择想要运行的 App 后，单击"运行"按钮即可。

【温馨提示】如果使用第三方模拟器运行程序，应该先启动模拟器，再启动 Android Studio，然后在工具栏中会看见模拟器的名字。但有的时候没有出现模拟器的名字，即 Android Studio 没有连接到模拟器，这是因为模拟器在启动时会开启相应的端口号，而计算机操作系统没有允许开启这些端口。此时需要从命令窗口进入模拟器的安装目录，执行"启动"命令，不同的第三方模拟器启动命令会稍有不同，可以到网络上搜索。

1.2.2　项目的目录结构

在 Android Studio 窗口左侧可以选择几种不同的项目浏览模式，在不同的浏览模式下会看到不同的文件夹与文件，比较常用的有 Android 模式、Project 模式、

Packages 模式。单击图 1-2-6 所示位置可以进行不同项目浏览模式的选择。

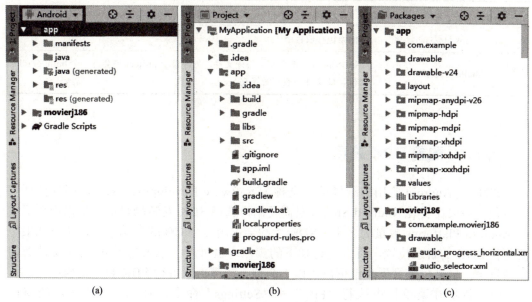

(a) (b) (c)

图 1-2-6 项目三种浏览模式

（a）Android 模式；（b）Project 模式；（c）Packages 模式

Android 中要求所用到的资源（图片、布局等）、Java 源文件等必须放在指定的目录中，表 1-2-1 中列出了一些常用的文件 / 文件夹以及它们的作用，以后在开发项目过程中要根据文件的类型将文件存放在指定的目录中。

表 1-2-1　Android 常用的目录结构

文件 / 文件夹	作用
src 目录	源码、资源目录
main 目录	主目录
res 目录	资源文件
java 目录	java 代码目录
layout 目录	布局文件
values 目录	存储资源文件（尺寸、字符串、样式、颜色等）
drawable 目录	存放各种图片资源（png、选择器等）
Android Manifest.xml	项目的配置文件
.idea 目录	系统自动生成的关于 Android Studio 的配置目录（版权、jar 包等）
build 目录	构造目录，系统自动生成的编译目录
gradle 目录	项目构建工具

续表

文件/文件夹	作用
libs 目录	依赖包存放目录
build.gradle	每个 module 都会有的编译文件；另外整个 project 也会有一个 build.gradle 文件，此文件一般不做修改

1.2.3 配置 SDK 路径

SDK 是 Android 应用的编译器，全称为 Software Development Kit，即软件开发工具包。一般在安装 Android Studio 时需要用户选择 SDK 安装的目录。根据用户下载的 Android Platforms 数量的多少，SDK 大约会占用几个 GB 的存储空间，所以如果想要更换 SDK 的目录位置，可以进行如下的操作。也可以将原来的 SDK 目录文件剪切到新目录，再进行目录更改也可以。以下两种方法都可以进行 SDK 目录的修改。

（1）依次在菜单栏中执行"File"→"Settings"命令，在图 1-2-7 所示的窗口中按照目录依次执行"Appearance & Behavior"→"System Settings"→"Android SDK"命令，在图中所示位置单击"Edit"按钮即可以进行 SDK 目录的修改。

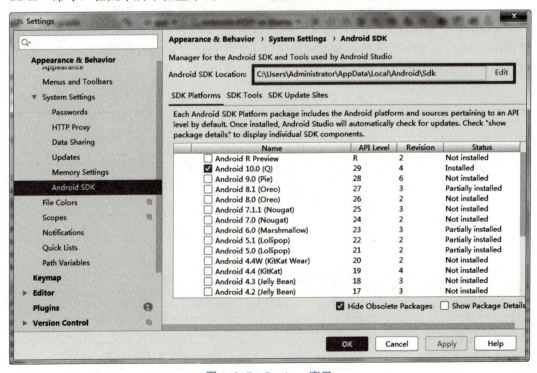

图 1-2-7　Settings 窗口

（2）依次在菜单栏中执行"File"→"Others Settings"→"Default Project Structure"命令，出现图 1-2-8 所示的对话框，也可以进行 SDK 目录的修改。

模块1 项目准备工作

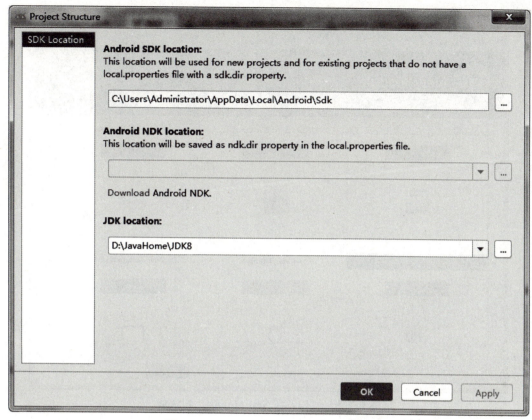

图 1-2-8 "Project Structure" 对话框

【温馨提示】SDK 目录要求没有中文和空格，否则运行程序时会出现错误。

1.2.4 新建工作区／项目

Android Studio 中新建分为 Project 和 Module，Project 其实相当于 Eclipse 中的工作区，Module 相当于项目。

1．New Module

如果有工作区，想在工作区中加入项目，可以在菜单栏中选择"File"→"New"→"New Module"命令后，会出现如图 1-2-9 所示的创建 Module 对话框。

STEP 1：在图 1-2-9 所示对话框中选择要创建的 Module 类型，这里选择第一个"Phone & Tablet Module"（手机或平板），单击"Next"按钮。

STEP 2：在图 1-2-10 所示对话框中设置如下内容。

（1）Application/Library name：App 应用的名字，此处可以写中文；

（2）Module name：新建的 Module 的名字；

（3）Language：采用的语言，此处选择 Java；

（4）Minimum SDK：App 运行的最小 SDK 版本。

设置好后单击"Finish"按钮，完成 Module 的创建。

图 1-2-9　"Create New Moudle"对话框

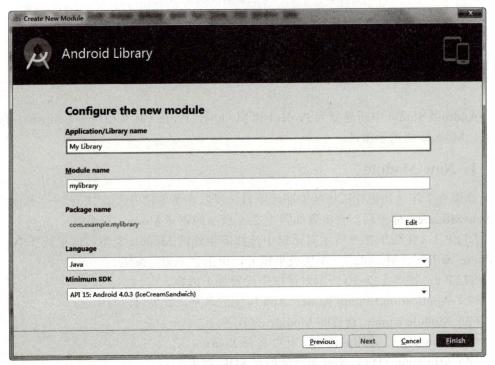

图 1-2-10　Configure the new module 对话框

2. New Project

如果不想使用现在的工作区,可以更换路径新建一个工作区。

STEP 1:在菜单栏选择"File"→"New"→"New Project"命令,弹出如图 1-2-11 所示对话框。在图中选择开发应用为"Phone and Tablet"(手机与平板)、"Empty Activity(空 Activity)",单击"Next"按钮。

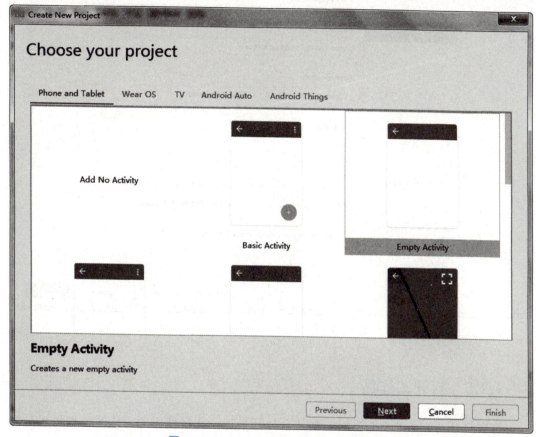

图 1-2-11　Create New Project 对话框

STEP 2:在图 1-2-12 中分别设置 Name(工作区的名字)、Package name(包命名空间)、Save location(工作区保存路径)、Language(采用语言)、Minimum API Level(支持的最小的 SDK 版本),单击"Finish"按钮完成工作区的创建。

STEP 3:工作区创建完成后,Android Studio 会自动打开一个新的窗口,在窗口最上方标题栏位置 My Application [D:\rj185\MyApplication\app],可以看到新工作区的目录位置。

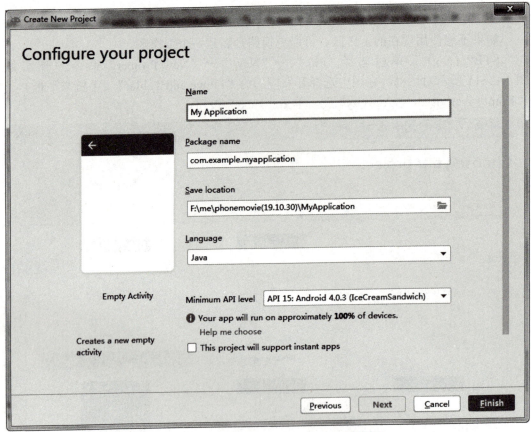

图 1-2-12　Configure your project 对话框

1.2.5　打开工作区

每次打开 Android Studio 时，默认会打开最近一次所使用的工作区。如果想更换其他工作区，可以采用以下任何一种操作方式。

（1）在菜单栏中选择"File"→"Open Recent"命令，如图 1-2-13 所示选择最近使用的工作区后弹出图 1-2-14 所示的对话框，前面两个按钮分别表示使用当前窗口、使用新窗口打开工作区。

（2）在菜单栏中选择"File"→"Open"命令，打开"Open File or Project"对话框，在其中选择要打开的工作区路径就可以打开工作区。

模块 1　项目准备工作

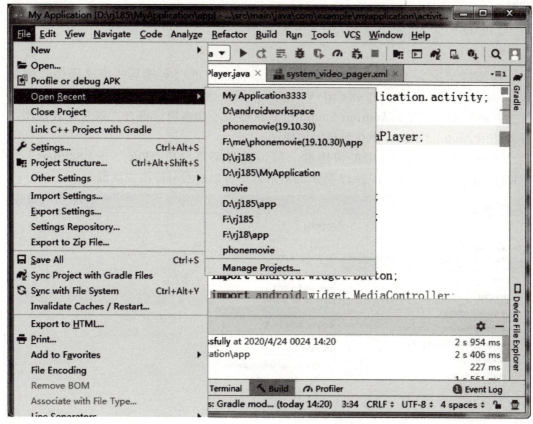

图 1-2-13　"Open Recent"命令

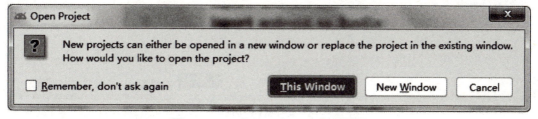

图 1-2-14　"Open Project"对话框

1.2.6　关闭工作区

（1）当项目不再使用时可以关闭工作区，可以直接选择关闭 Android Studio 来关闭一个工作区。

（2）另外也可以在菜单栏中选择"File"→"Close Project"命令来关闭工作区，选择此种关闭工作区方法时，如果当前工作区为最后一个打开的工作区，在"Welcome to Android Studio"欢迎界面，可以选择一个工作区打开，也可以单击"关闭"按钮关闭 Android Studio。

· 25 ·

1.2.7 快捷键的使用

快捷键又称为"热键",由多个按键进行组合可以实现某些快速操作,例如 Window 中最常用的 Ctrl+C 和 Ctrl+V,熟练使用快捷键可以大大提高开发效率并可以减少某些错误的发生。Android Studio 也默认提供了众多快捷键方式供开发者调用,推荐使用 Android Studio 默认风格的快捷键。

查看 Android Studio 中的快捷键,可以选择菜单栏中"File"→"Settings"→"Keymap"命令,在图 1-2-15 所示的对话框中可以查看与修改快捷键。

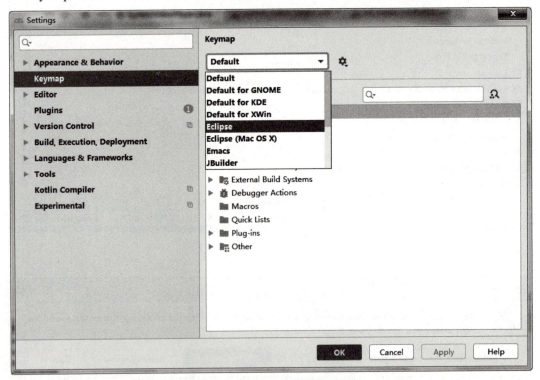

图 1-2-15 Keymap 快捷键对话框

Android Studio 中为用户提供了大量的快捷键,但有些开发者想沿用 Eclipse 的快捷键,也可以在此窗口中将快捷键修改为 Eclipse 模式。

如果还有用户想单独重新设置某个快捷键,可以通过单击名字、搜索功能或者是搜索快捷键这三种方式找到想要修改的快捷键后,在此快捷键上单击鼠标右键进行修改。

对于快捷键不必死记硬背,可以将在开发中使用的快捷键打印成一份快捷键表,经常使用和查阅,一段时间后就会形成习惯。表 1-2-2 列出了 Android Studio 中常用的快捷键,以供参考,因为个人习惯的不同,每个人经常使用的快捷键也不同,可以根据自己的编程习惯形成自己的常用快捷键。

表 1-2-2　Android Studio 中常用的快捷键

快捷键	功能
Ctrl+Alt+Space	自动补全代码
Alt+Enter	导入包，自动修正
Ctrl+/	注释代码格式：// 代码块
Ctrl+Shift+/	注释多行代码格式：/* 代码块 */
Ctrl+F	查找文本
Ctrl+X	删除行
Ctrl+D	复制行
Ctrl+Alt+L	格式化代码
Alt+Shift+Up	上移当前行代码
Alt+Shift+Down	下移当前行代码

1.2.8　生成 APK 文件

APK（Android application package，Android 应用程序包）是 Android 操作系统使用的一种应用程序包文件格式，用于分发和安装移动应用及中间件。一个 Android 应用程序的代码若想要在 Android 设备上运行，必须先进行编译，然后被打包成为一个被 Android 系统所能识别的文件才可以被运行，而这种能被 Android 系统识别并运行的文件格式就是"APK"。

在 Android Studio 中生成 APK 文件有两种形式：Debug（调试）APK 和 Sign（签名）APK。

（1）Debug（调试）APK。在菜单栏中选择"Build"→"Build Bundle（s）/APK（s）"→"Build APK（s）"命令后，在 Android Studio 窗口右下角会弹出图 1-2-16 所示的窗口，提示成功生成 APK 文件。在此窗口中单击文字"locate"就会直接定位到生成的 APK 文件所在的目录。

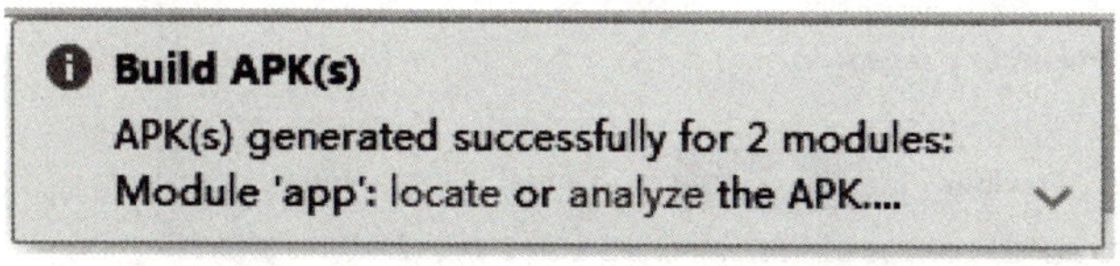

图 1-2-16　Build APK（s）提示窗口

（2）Sign（签名）APK。

STEP 1：在菜单栏中选择"Build"→"Generate Signed Bundle/APK"命令后，弹出图 1-2-17 所示的对话框，选择"APK"单选按钮后单击"Next"按钮。

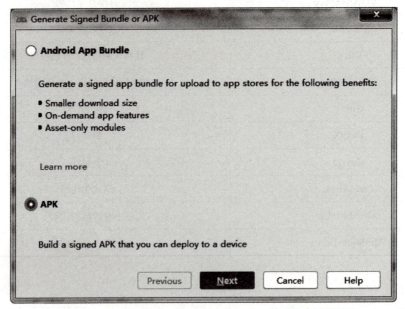

图 1-2-17　"Generate Signed Bundle or APK"对话框

STEP 2：在图 1-2-18 所示的对话框中，在"Module"中选择想要创建 APK 文件的项目名字；"Key store path"表示 APK 文件密钥的存储地址，如果以前有密钥可以单击"Choose existing"按钮选择以前的密钥；如果是第一次创建需要单击"Create New"按钮。

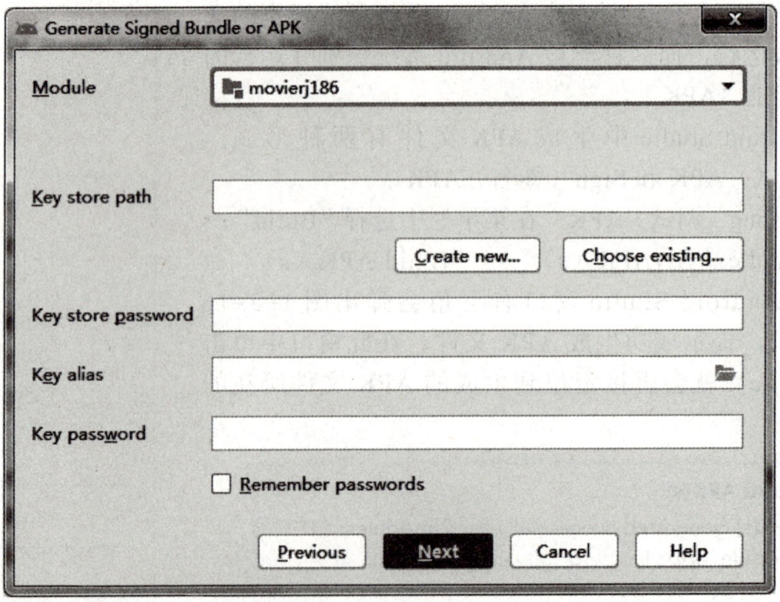

图 1-2-18　"Generate Signed Bundle or APK"对话框

STEP 3：此步骤各项信息输入如图 1-2-19 所示，输入信息后，单击"OK"按钮。

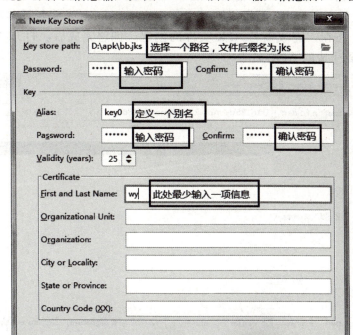

图 1-2-19 "New Key Store"对话框

STEP 4：单击"OK"按钮后，回到"Generate Signed Bundle or APK"对话框，上一步输入的各项信息已经自动填充，也可以勾选"Remember passwords"（记住密码）复选框，单击"Next"按钮，如图 1-2-20 所示。

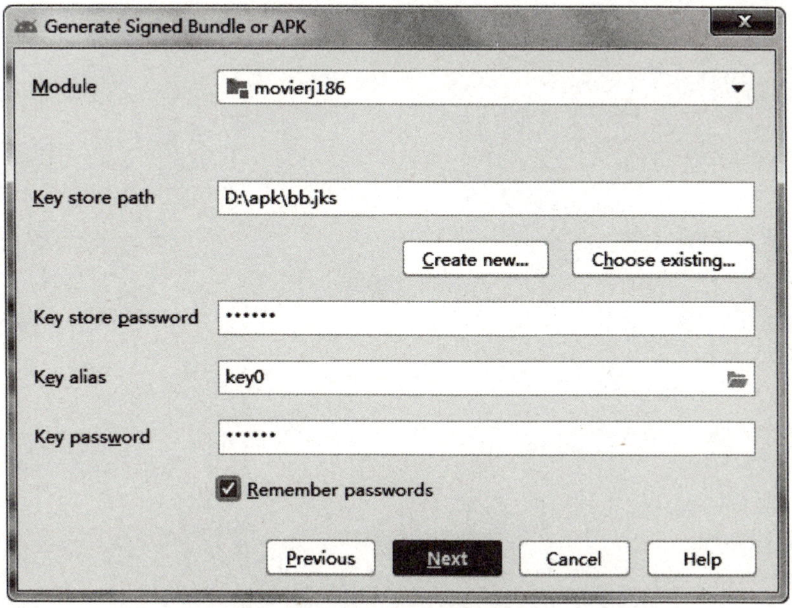

图 1-2-20 Generate APK 确认信息对话框

STEP 5：在图 1-2-21 所示的对话框中，先选择 APK 文件的存放路径，再选择生成的 APK 类型为 release（公开发行），"Signature Versions"（签名版本）选择"V1"，单击"Finish"按钮，完成签名 APK 文件的创建。创建完成后，打开 APK 文件生成目录即可以找到生成的 APK 文件。

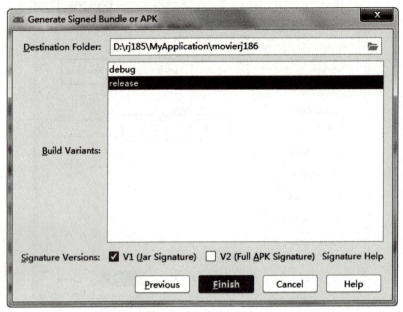

图 1-2-21　签名版本对话框

学习性工作任务单

学习场	项目准备工作
学习情境	开发与运行环境搭建
学习任务	Android Studio 的使用　　　　　　　　学时　　4 学时
典型工作过程描述	Android Studio 下载—安装—启动—创建项目—运行项目
学习目标	1. Android Studio 的下载； 2. Android Studio 安装； 3. 项目的创建； 4. 项目的运行； 5. 打开创建好的项目； 6. 熟悉项目的目录结构； 7. 修改项目配置； 8. 关闭项目
任务描述	1. 能够正确从官网下载 Android Studio 并完成安装； 2. 保证安装正确后，在 Android Studio 中创建第一个项目； 3. 创建模拟器后，运行第一个项目； 4. 掌握 Android Studio 的基本操作，能够熟练地打开和关闭项目； 5. 在项目打开过程中出现的常见问题能够给予解决； 6. 项目打开后，熟悉项目中的常用目录，了解目录的结构与使用； 7. 项目操作完毕，能够正确运行项目并关闭项目
学时安排	资讯 0.5 学时　　计划 0.5 学时　　决策 0.5 学时　　实施 2 学时　　检查与评价 0.5 学时
对学生的要求	1. 掌握 Android Studio 的安装过程，能够解决 Android Studio 安装中的常见问题； 2. 掌握项目的创建过程，掌握项目创建过程中每一个步骤的具体作用； 3. 能够创建模拟器，解决模拟器创建过程中的常见问题； 4. 熟练掌握 Android Studio 的基本操作； 5. 对 Android Studio 中出现的常见问题能够很好地解决； 6. 熟练掌握 Android Studio 中修改常用配置的方法
参考资料	活页式教材 校外网站

资讯单

学习场	项目准备工作		
学习情境	开发与运行环境搭建		
学习任务	Android Studio 的使用	学时	0.5 学时
典型工作过程描述	Android Studio 下载—安装—启动—创建项目—运行项目		
搜集资讯的方式	1. 教师讲解； 2. 互联网查询； 3. 同学交流		
资讯描述	查看教师提供的资料或者从网络获取内容，完成 Android Studio 的下载、安装、启动、项目创建和运行项目		
对学生的要求	准备好下载的软件，带好个人计算机及计划书； 课前做好充分的预习		
参考资料	课件、活页式教材		

分组单

学习场	项目准备工作			
学习情境	开发与运行环境搭建			
学习任务	Android Studio 的使用		学时	4 学时
典型工作过程描述	Android Studio 下载—安装—启动—创建项目—运行项目			
分组情况	组别	组长	组员	
分组说明				
班级		教师签字		日期

计划单

学习场	项目准备工作		
学习情境	开发与运行环境搭建		
学习任务	Android Studio 的使用	学时	0.5 学时
典型工作过程描述	Android Studio 下载—安装—启动—创建项目—运行项目		
计划制定的方式			

序号	工作步骤	注意事项

计划评价	班级		第_____组	组长签字	
	教师签字		日期		
	评语:				

决策单

学习场	项目准备工作				
学习情境	开发与运行环境搭建				
学习任务	Android Studio 的使用			学时	0.5 学时
典型工作过程描述	Android Studio 下载—安装—启动—创建项目—运行项目				
计划对比					
序号	计划的可行性	计划的经济性	计划的可操作性	计划的实施难度	综合评价
1					
决策评价	班级		第____组	组长签字	
	教师签字		日期		
	评语:				

实施单

学习场	项目准备工作			
学习情境	开发与运行环境搭建			
学习任务	Android Studio 的使用		学时	2 学时
典型工作过程描述	Android Studio 下载—安装—启动—创建项目—运行项目			
序号	实施步骤		注意事项	

实施说明:

	班级		第____组	组长签字
	教师签字		日期	
实施评价	评语:			

检查与评价单

学习场	项目准备工作			
学习情境	开发与运行环境搭建			
学习任务	Android Studio 的使用		学时	0.5 学时
典型工作过程描述	Android Studio 下载—安装—启动—创建项目—运行项目			
评价项目	评价子项目	学生自评	组内评价	教师评价
下载与安装	1. 下载的时间：课前或课中； 2. 安装 Android Studio 是否正确； 3. 安装模拟器是否正确			
创建项目	1. 正确创建项目； 2. 对创建项目的每一步熟悉了解程度； 3. 对运行创建中出现问题的解决能力			
运行项目	1. 正确运行程序； 2. 使用多种方式运行项目； 3. 对运行项目中出现问题的解决能力			
熟悉项目	1. 项目的目录结构； 2. SDK 的理解； 3. 快捷键的使用； 4. 环境的基本操作； 5. 对 APK 的理解			
最终结果				
评价	班级： 　　　　　第_____组　　　组长签字： 教师签字：　　　　　日期： 评语：			

模块 2

视频播放项目 UI 设计

任务 2.1　Splash UI 设计

2.1.1　任务描述

运行 Splash App，显示如图 2-1-1 所示的 Splash 界面，此页面将会在 5 秒后自动跳转到主界面。在窗口右上角有一个跳过广告的倒计时链接，单击该链接可直接进入主界面，无须等待。

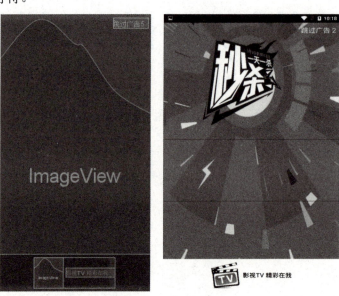

图 2-1-1　Splash 界面

画出你的设计草图

2.1.2 任务实施

STEP 1：准备素材。将所需要的广告图片和 logo 图片存放到项目的 drawable 目录下。

STEP 2：创建 Activity 和它的布局文件。在项目目录 Java 源上单击鼠标右键，选择"New"→"Package"命令，输入包名 activity，在新建的 activity 包上单击鼠标右键，选择"New→Activity"→"Empty Activity"命令，命名为 SplashActivity，选中图中复选框位置生成一个布局文件（图 2-1-2）。

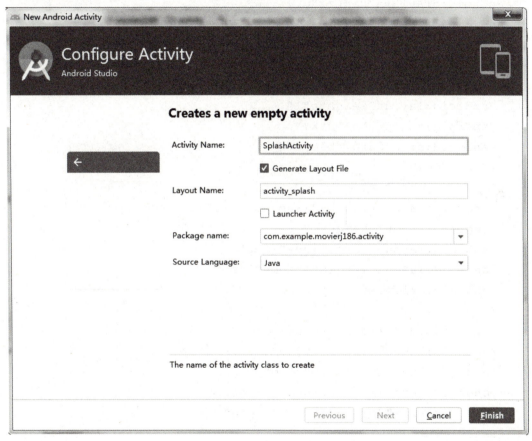

图 2-1-2　New Android Activity 界面

STEP 3：在 activity_splash 中输入以下的布局代码，或者在设计视图下按照图 2-1-1 所示的效果图进行设计。下面为页面代码以供参考。

```
<?xml version="1.0" encoding="utf-8"?>
<FrameLayout xmlns:android="http://schemas.android.com/apk/res/android"
    xmlns:app="http://schemas.android.com/apk/res-auto"
```

```xml
android:layout_width="match_parent"
android:layout_height="match_parent"
android:background="#fff">
<LinearLayout
android:layout_width="match_parent"
android:layout_height="match_parent"
android:layout_alignParentBottom="true"
android:layout_centerHorizontal="true"
android:gravity="center"
android:orientation="vertical">
<ImageView
   android:layout_width="match_parent"
   android:layout_height="0dp"
   android:layout_weight="1"
   android:scaleType="fitXY"
   android:src="@drawable/ad">
</ImageView>
<LinearLayout
   android:layout_width="wrap_content"
   android:layout_height="wrap_content"
   android:layout_marginTop="10dp"
   android:layout_marginBottom="10dp"
   android:orientation="horizontal">
<ImageView
   android:id="@+id/iv_splash_icon"
   android:layout_width="80dp"
   android:layout_height="80dp"
   android:layout_centerInParent="true"
   android:src="@drawable/logo_icon"/>
<TextView
   android:layout_width="wrap_content"
   android:layout_height="wrap_content"
   android:layout_gravity="center"
   android:layout_marginLeft="8dp"
   android:text=" 影视 TV 精彩在我 "
   android:textColor="#000"
   android:textSize="18sp"/>
</LinearLayout>
```

```xml
    </LinearLayout>
    <TextView
        android:id="@+id/tv_count"
        android:layout_width="wrap_content"
        android:layout_height="wrap_content"
        android:layout_gravity="right"
        android:layout_marginTop="10dp"
        android:layout_marginRight="10dp"
        android:text=" 跳过广告 5"
        android:textSize="20sp"/>
</FrameLayout>
```

STEP 4：在 SplashActivity.java 中加入如下代码。

```java
public class SplashActivity extends AppCompatActivity{
    int count=5;
    private TextView tv_count;
    Handler handler=new Handler(){
        @Override
        public void handleMessage(@NonNull Message msg){
            super.handleMessage(msg);
            if(count>0){
                tv_count.setText(" 跳过广告 "+count);
                count--;
                handler.sendEmptyMessageDelayed(0,1000);
            }else{
                startSplashActivity();
            }
        }
    };// 创建线程
    @Override
    protected void onCreate(Bundle savedInstanceState){
        super.onCreate(savedInstanceState);
        setContentView(R.layout.splash);// 设置布局
        View decorView=getWindow().getDecorView();// 设置全屏
        decorView.setSystemUiVisibility(View.SYSTEM_UI_FLAG_FULLSCREEN);
        tv_count=findViewById(R.id.tv_count);
        tv_count.setOnClickListener(new View.OnClickListener(){
```

```
        @Override
        public void onClick(View v){
          startSplashActivity();
          handler.removeCallbacksAndMessages(null);
        }
      });
        handler.sendEmptyMessage(0);
  }
private void startSplashActivity(){// 页面跳转
    Intent intent=new Intent(SplashActivity.this,MainActivity.
class);// 创建页面跳转意图
   // 启动意图
   startActivity(intent);// 实现跳转
   finish();// 关闭当前页面
  }
}
```

STEP 5：要完成页面跳转需要两个页面，在 STEP 4 的意图中已经指定了第二个页面 Activity 的名字，所以在 Activity 包中再一次创建一个 Empty Activity，命名为 MainActivity，也选择自带布局文件。创建完保持默认不做任何修改。

STEP 6：运行程序。

2.1.3 任务拓展

1. AndroidManifest.xml 的配置

AndroidManifest.xml 是应用清单，每个应用的根目录中都必须包含一个，并且文件名必须一模一样。这个文件中包含了 App 的配置信息，系统需要根据里面的内容运行 App 的代码，显示界面。项目浏览中选择 Android 模式，在 manifest 文件夹中可以找到此文件，关于项目的主要配置如图 2-1-3 所示的代码块。其中特别需要注意的是项目中每一个 Activity 必须在此文件中进行配置，否则不能运行，每一个项目都有一个首页，首页的配置如图 2-1-3 所示。

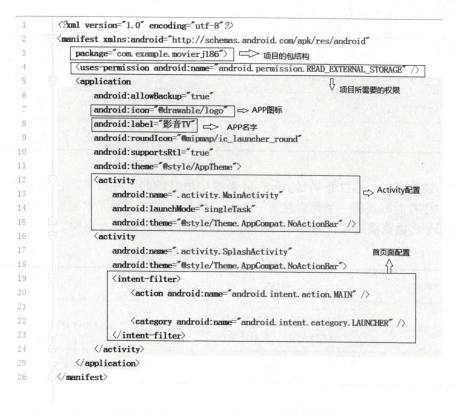

图 2-1-3　AndroidManifest.xml 配置代码

2. 管理 Android 布局

Android 中常用的布局有 6 种：LinearLayout（线性布局）、RelativeLayout（相对布局）、TableLayout（表格布局）、GridLayout（网格布局）、FrameLayout（帧布局）、ConstraintLayout（约束布局），这些布局各自有自己的布局特点，在布局中要综合利用这些布局。其中，ConstraintLayout 是 Android Studio 2.3 版本后官方的默认使用布局，它的出现主要是为了解决布局嵌套过多的问题，以灵活的方式定位和调整小部件。这些布局有一些通用的属性，见表 2-1-1，对于一个控件（布局和基本控件）都必须有 width（宽）和 height（高）属性。

表 2-1-1　布局的通用属性

属性名称	属性值	描述
id	@+id/***	设置唯一标识
background	颜色、图片或选择器	设置背景
height	wrap_content/match_parent/自定义	设置高度
width	wrap_content/match_parent/自定义	设置宽度
gravity	top/bottom/left……	容器中子组件的对齐方式

续表

属性名称	属性值	描述
layout_gravity	top/bottom/left……	组件在父组件中的对齐方式
padding***	数值	内边距
margin***	数值	外边距

（1）线性布局。线性布局是 Android 系统中最基础的一种布局。它采用自上而下或者从左往右的方式将一个元素接着一个元素排列，当排列的元素超出屏幕范围时，超出的部分将做隐藏处理。表 2-1-2 列出了 LinearLayout 的特有属性。

表 2-1-2　LinearLayout 的特用属性

属性名称	属性值	描述
orientation	horizontal（水平排列） vertical（垂直排列）	设置组件排列方式
weight	数值	按权重分割父布局

（2）相对布局。相对布局是位置相对于兄弟组件或者布局容器的一种布局管理器。它继承于 android.widget.ViewGroup，其按照子元素之间的位置关系完成布局，作为 Android 系统布局中最灵活也是最常用的一种布局方式，非常适合于一些比较复杂的界面设计。表 2-1-3 列出了 7 个相对于父容器的属性。

表 2-1-3　相对于父容器的属性

属性名称	属性值	描述
alignParentLeft	true/false	将控件的左边缘和父控件的左边缘对齐
alignParentTop	true/false	将控件的上边缘和父控件的上边缘对齐
alignParentRight	true/false	将控件的右边缘和父控件的右边缘对齐
alignParentBottom	true/false	将控件的底边缘和父控件的底边缘对齐
centerInParent	true/false	将控件置于父控件的中心位置
centerHorizontal	true/false	将控件置于水平方向的中心位置
centerVertical	true/false	将控件置于垂直方向的中心位置

Android 为相对布局容器提供了 8 个属性相对于兄弟组件的属性，见表 2-1-4。

表 2-1-4 相对于兄弟组件的属性

属性名称	属性值	描述
layout_above	@id/xxx	将控件置于给定 ID 控件之上
layout_below	@id/xxx	将控件置于给定 ID 控件之下
layout_toLeftOf	@id/xxx	将控件置于给定 ID 控件左侧
layout_toRightOf	@id/xxx	将控件置于给定 ID 控件右侧
layout_alignLeft	@id/xxx	将控件的左边缘和给定 ID 控件的左边缘对齐
layout_alignTop	@id/xxx	将控件的上边缘和给定 ID 控件的上边缘对齐
layout_alignRight	@id/xxx	将控件的右边缘和给定 ID 控件的右边缘对齐
layout_alignBottom	@id/xxx	将控件的底边缘和给定 ID 控件的底边缘对齐

【注意】在相对布局中引用其他子元素之前，引用的控件 id 必须已经存在，否则将出现异常。

合理地利用好 LinearLayout 的 weight 属性和 RelativeLayout 相对属性，可以解决不同屏幕分辨率的自适当问题。

（3）网格布局。网格布局是 Android 4.0 以上版本新增的一种布局管理器。该布局使用虚线将布局划分为行、列和单元格，也支持一个控件在行、列上都有交错排列。网格布局更接近于人们所理解的表格。对于一个网格布局来说，需要明确划分成几行几列。

网格布局也分为水平和垂直两种方式，默认是水平布局，一个控件接着一个控件从左到右依次排列，但是通过指定 android.columnCount 设置列数的属性后，控件会自动换行进行排列。若要指定某控件显示在固定的行或列，只需设置该子控件的 android.layout_row 和 android.layout_column 属性即可，但是需要注意：android.layout_row="0" 表示从第一行开始，列也是如此。

如果需要设置某控件跨多行或多列，只需将该子控件的 android：layout_rowSpan 或者 layout_columnSpan 属性设置为数值，再设置其 layout_gravity 属性为 fill 即可，前一个设置表示该控件跨的行数或列数，后一个设置表示该控件填满所跨越的整行或整列。网格布局常用的属性见表 2-1-5。

表 2-1-5 GridLayout 常用属性

属性名称	属性值	描述
orientation	horizontal/vertical	子元素的布局方向
columnCount	数值	最大列数
rowCount	数值	最大行数

网格布局中子元素常用的属性见表 2-1-6。

表 2-1-6　网格布局中组件的常用属性

属性名称	属性值	描述
layout_column	数值	显示该子控件的列
layout_row	数值	显示该子控件的行
layout_columnSpan	数值	该控件所占的列数
layout_rowSpan	数值	该控件所占的行数

（4）表格布局。表格布局继承了线性布局，因此它的本质依然是线性布局管理器。每次向 TableLayout 中添加一个 TableRow，该 TableRow 就是一个表格行。TableRow 也是容器，因此它也可以不断地添加其他组件，每添加一个子组件该表格就增加一列。如果直接向 TableLayout 中添加组件，那么这个组件将直接占用一行。表 2-1-7 列出了表格布局中常用的特有属性。

表 2-1-7　表格布局特有属性

属性名称	属性值	描述
Shrinkable	数值，列数从 0 开始	如果某个列被设为 Shrinkable，那么该列的所有单元格的宽度可以被收缩，以保证该列能适应父容器的宽度
Stretchable	数值，列数从 0 开始	如果某个列被设为 Stretchable，那么该列的所有单元格的宽度可以被拉伸，以保证该列能完全填满表格空余空间
Collapsed	数值，列数从 0 开始	如果某个列被设为 Collapsed，那么该列的所有单元格会被隐藏

【注意】TableRow 不需要设置宽度 layout_width 和高度 layout_height，其宽度一定是 match_parent，即自动填充父容器，高度一定为 wrap_content，即根据内容改变高度。但对于 TableRow 中的控件来说，是可以设置宽度和高度的，但其必须是 wrap_content 或者 match_parent。

（5）帧布局。所有添加到这个布局中的视图都以层叠的方式显示。第一个添加的组件放到最底层，最后添加到布局中的视图显示在最上面。上一层的会覆盖下一层的控件。帧布局没有什么特有属性，在使用时可以通过设置组件的 margin、layout_gravity 来控制组件的位置。

（6）约束布局。项目中的布局嵌套问题对项目性能有着不小的影响。布局若能实现扁平化，则会让软件性能得到很大的提升。约束布局同时具有相对布局和线性布局的优点、特性，功能强大。约束布局从相对定位、居中定位、偏向、尺寸约束、比例、链条、环形定位等方面约束组件的位置。

1）相对定位。表 2-1-8 列出了约束布局中的相对定位属性。

表 2-1-8 相对定位属性

属性名称	属性值	描述
layout_constraint***_to***Of	@id/*** 或者 parent	layout_constraint*** 里的 *** 代表是这个子控件自身的哪条边（Left、Right、Top、Bottom、Baseline），而 to***Of 里的 *** 代表的是和约束控件的哪条边发生对齐（Left、Right、Top、Bottom、Baseline）

2）居中定位。表 2-1-9 列出了使用约束布局时居中的设置方法。

表 2-1-9 居中的设置方法

居中方向	属性值
水平	app:layout_constraintLeft_toLeftOf="parent" app:layout_constraintRight_toRightOf="parent"
垂直	app:layout_constraintTop_toTopOf="parent" app:layout_constraintBottom_toBottomOf="parent"
水平、垂直都居中	水平 + 垂直

3）圆形定位。表 2-1-10 列出了约束布局中的圆形定位属性。

表 2-1-10 圆形定位属性

属性名称	描述
layout_constraintCircle	参考控件的 id
layout_constraintCircleRadius	本控件与参考控件中心点间距
layout_constraintCircleAngle	角度 0～360°

4）偏向（Bias）。偏向提供了两个属性用于设置偏向到的程度，类似 LinearLayout 的 layout_weight。此属性在设置水平居中或者垂直居中的时候才起作用，见表 2-1-11。

表 2-1-11 Bias 属性

属性名称	描述
layout_constraintHorizontal_bias	水平（0 最左边 1 最右边，默认是 0.5）
layout_constraintVertical_bias	垂直（0 最上边 1 最底边，默认是 0.5）

5）宽 / 高百分比。表 2-1-12 列出了约束布局中的宽 / 高百分比定位属性。

表 2-1-12　宽/高百分比定位属性

属性名称	描述
app:layout_constraintWidth_percent	取值范围 0～1
app:layout_constraintHeight_percent	取值范围 0～1

设置宽或高的百分比需要以下 3 个步骤：
① 宽或高设置成 0dp。
② 宽或高默认值设置成百分比：

```
app:layout_constraintWidth_default="percent"
app:layout_constraintHeight_default="percent"
```

③ 设置宽或高百分比的值：

```
app:layout_constraintWidth_percent
app:layout_constraintHeight_percent
```

6）比例（Ratio）。比例属性可以设置控件的宽和高的比例，见表 2-1-13。

表 2-1-13　Ratio 属性

属性名称	描述
app:layout_constraintDimensionRatio	约束比例，用逗号（,）分隔方向，用冒号（:）分隔比例

举例：只有一个方向约束。

必须有至少一个相对定位（id/parent）layout_constraintXxx_toXxxOf，需要将至少一个约束维度设置为 0dp。

```
app:layout_constraintDimensionRatio="2:1"(宽:高=2:1)
```

举例：指定要改变的维度。

如果两个维度均设置为 0dp，也可以使用比例，属性 layout_constraintDimensionRatio="H,2:1" 则表示动态改变高度，高度调整为控件宽度的二分之一，比例始终都是宽:高。

【温馨提示】如果在约束布局中设置组件为和父容器一样的宽、高时，不再推荐使用 match_parent，而是使用 0dp。

7）链（Chain）。当某几个控件之间首位相接，排列方式有特殊要求时可以使用链样式属性，可以设置水平链和垂直链，其中链的样式有如图 2-1-4 所示三种。

```
layout_constraintHorizontal_chainStyle="spread|spread_
```

```
inside|packed"
    layout_constraintVertical_chainStyle="spread|spread_
inside|packed"
```

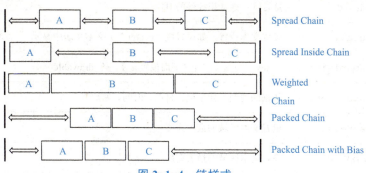

图 2-1-4　链样式

【温馨提示】在给几个控件设置链样式时，需要将这几个控件绑定在一个链上才会出现链效果。例如有 3 个按钮 id 分别为 button1、button2、button3，使用如图 2-1-5 所示代码将它们绑定在一个链上。如果设置的为水平链，代码总结为一句话为 3 个按钮先向左看齐，再向右看齐。如果设置的为垂直链，代码总结为一句话为 3 个按钮先向上看齐，再向下看齐。几个控件绑定为链后，在链头的控件中加入链样式属性即可。

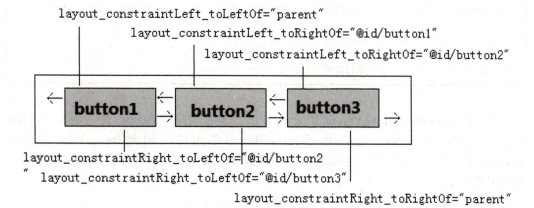

图 2-1-5　链代码

3．基础控件

（1）TextView 标签。TextView 是一种显示文本信息的控件，该控件直接继承于 View，从功能上看，类似网页中的标签 Label 控件。

TextView 控件在 XML 中的控件标签由 <TextView> 表示，该控件具有丰富的属性描述其特性，限于篇幅，本书仅列出一些常用的属性，读者若有兴趣可以查阅

Android 的官方 API 文档进一步学习。表 2-1-14 显示了 TextView 支持的常用属性。

表 2-1-14　TextView 常用属性

属性名称	描述
android：id	这是唯一地标识控件的 ID
android：gravity	设置文本位置，如设置成"center"，文本将居中显示
android：drawable***	在 text 的左/右/上/下面位置显示一个 drawable
android：inputType	数据的类型，如手机、日期、时间、密码等
android：maxHeight	设置文本区域的最大高度
android：maxWidth	设置文本区域的最大宽度
android：password	字段的字符是否显示为密码的点，而不是它们本身。可能的值是"true"或"false"
android：textStyle	设置字形 bold（粗体）、italic（斜体）、粗+斜（bold|italic）
android：text	要显示的文字
android：textColor	文本颜色。可以是一个颜色值，如形式"#rgb""#argb""#rrggbb"和"#aarrggbb"
android：textSize	文字的大小。文字推荐尺寸类型是"sp"的比例像素（例如：15sp）
android：background	背景图片
android：singleLine	单行显示

（2）ImageView。ImageView 用来显示 Drawable 对象资源的控件，继承于 View 控件。另外，ImageView 还派生了 ImageButton 等组件，因此 ImageView 支持的 XML 属性、方法也可应用于 ImageButton 等组件。表 2-1-15 列出了 ImageView 组件的常用属性。

表 2-1-15　ImageView 常用属性

属性名称	描述
android：src	设置控件的 drawable 资源
android：scaleType	设置图片的缩放或移动的方式以适应控件的大小
android：maxWidth	设置控件的最大宽度界面的实现
android：adjustViewBounds	设置是否保持宽高比。需要与 maxWidth、MaxHeight 一起使用，否则单独使用没有效果

续表

属性名称	描述
android:cropToPadding	如果属性设为 true，该组件将会被裁剪到保留该 ImageView 的 padding
android:maxHeight	设置控件的最大高度，单独使用无效，需要与 setAdjustViewBounds 一起使用。如果要设置图片固定大小，又要保持图片宽高比，则需要进行如下设置： （1）设置 setAdjustViewBounds 为 true； （2）设置 maxWidth、maxHeight； （3）设置 layout_width 和 layout_height 为 wrap_content

4．Activity 配置

Android 开发的 4 大组件是 Activity（活动）、Service（服务）、BroadcastReceiver（广播接收器）、ContentProvider（内容提供者），一个 Android 应用程序使用一个或多个上述组件。

Activity 是 Android 的 4 大组件之一，也是使用最为频繁的组件。生活中如打电话、发信息，用户需要与手机进行交互，在 Android 系统中就是通过 Activity 来实现的。在 Android 应用程序中一般会有多个 Activity，每一个 Activity 负责一个用户界面的展现。通常一个用户界面有一些基本组件（如按钮、文本、列表等），并对这些基本组件编写相应的实现代码（完成事件处理）。

在项目中可以创建一个或多个 Activity，当我们创建一个项目 Module 模块时，AndroidStudio 自动创建一个 MainActivity。用 Android Studio 开发 Android 应用的时候，创建项目时，MainActivity 自动继承的是 AppCompatActivity，也可以像以前一样继承 Activity。推荐使用 AppCompatActivity。一个 Activity 大概包括三部分内容，即 Activity 源文件、布局文件和配置。

（1）创建 Activity 源文件。

1）自动创建。在项目中 java 目录位置单击鼠标右键，选择"New"→"Activity"→"Empty Activity"命令后就会弹出新建 Activity 窗口，按照需要设置好名字和布局文件。一个基本的 Activity 代码如下所示。

```
public class SplashActivity extends AppCompatActivity{
    @Override
    protected void onCreate(Bundle savedInstanceState){
        super.onCreate(savedInstanceState);
        setContentView(R.layout.splash);// 设置布局
    }
}
```

代码中第 1 行能看出 Activity 的父类，可以按住 Ctrl 键单击父类的名字看到父类的源代码。代码第 3 行是 Activity 生命周期中第一个执行的方法，一般完成一些初始化操作。第 5 行为 Activity 使用的布局文件名字。

2）手动创建。在项目中 java 目录位置单击鼠标右键，选择"New"→"Java Class"命令，在弹出的对话框中输入 Activity 名字，如图 2-1-6 所示。然后在创建的 class 中写入继承父类 AppCompatActivity、加入 onCreate 方法，在 onCreate 方法中引用布局文件。

手动创建的 Activity 需要手动创建布局文件，在 layout 目录上单击鼠标右键，选择"New Resource File"命令，在弹出的对话框中输入布局文件的名字即可，如图 2-1-7 所示。

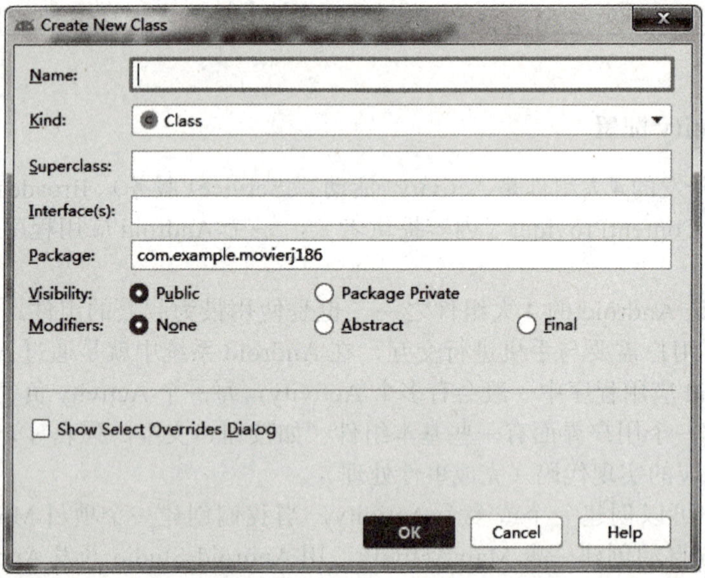

图 2-1-6 "Create New Class"对话框

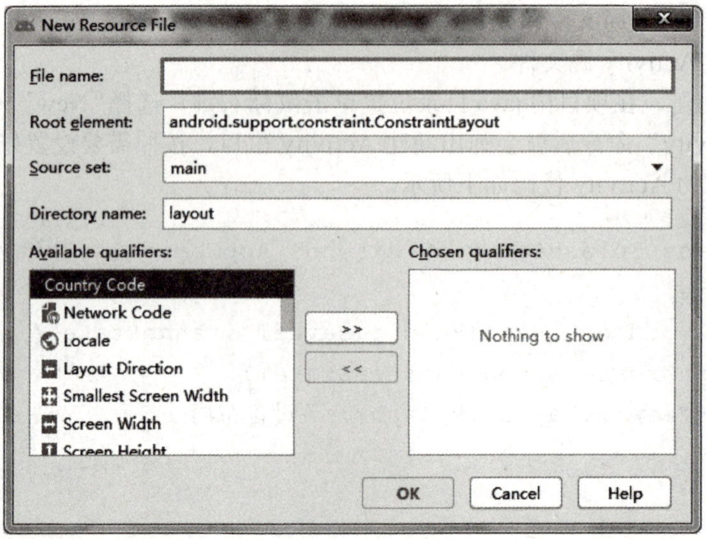

图 2-1-7 新建 layout 布局对话框

（2）Activity_main.xml 布局文件。下面布局文件在中间显示一个 Hello World。

```xml
<?xml version="1.0"encoding="utf-8"?>
<LinearLayout xmlns:android="http://schemas.android.com/apk/res/android"
    android:id="@+id/linearLayout"
    android:layout_width="match_parent"
    android:layout_height="match_parent"
    android:orientation="horizontal">
    <TextView
        android:layout_width="wrap_content"
        android:layout_height="wrap_content"
        android:text="Hello World">
</TextView>
</LinearLayout>
```

在布局文件中第二行是一个根布局，根布局首先必须具有 xmlns：android 命名空间属性，其次必须具有基本的宽和高属性。布局文件在 Android 中必须存放在 layout 目录下，在程序中引用时使用 R.layout. 布局文件名字来引用。

（3）Activity 的配置。一个 Activity 必须在 AndroidManifest.xml 文件中进行配置。如果 Activity 是使用 Android Siudio 自动创建的，如按照上述（1）中的创建 Activity 的方法，会在配置文件中自动加入配置。如果是手动创建的 Activity，如上述（2）中的创建方法，需要自己添加配置，否则不能运行。Activity 的基本配置如下所示，写出 Activity 的名字即可。此处前面的"."前省略了 Activity 所在的统一包，在配置文件 AndroidManifest.xml 中顶部代码中有声明，也可以在此处将包名字写全。

```xml
<activity android:name=".activity.MainActivity"
```

（4）Activity 的生命周期。Activity 是由 Activity 堆栈管理，当来到一个新的 Activity 后，此 Activity 将被加入 Activity 栈顶，之前的 Activity 位于此 Activity 底部。

图 2-1-8 详细给出了 Activity 整个生命周期的过程，以及在不同的状态期间相应的回调方法。

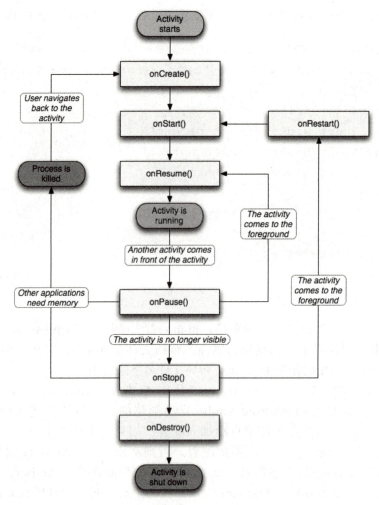

图 2-1-8　Activity 生命周期

5．Handler 的使用

Android 的主线程不能处理耗时的任务，否则会导致 ANR 的出现，但是界面的更新又必须要在主线程中进行，因此，必须在子线程中处理耗时的任务，然后在主线程中更新 UI。但是，怎么知道子线程中的任务何时完成？应该什么时候更新 UI？又更新什么内容呢？为了解决这个问题，Android 提供了一个消息机制，即 Handler。Handler 写在主线程中，创建一个 handler 并实现 handleMessage 方法。通过表 2-1-16 中常用方法发送消息，在 handler 中进行更新 UI 操作。

表 2-1-16　handler 常用方法

方法名字	方法功能
handleMessage（Message msg）	处理消息的方法，通常是用于被重写
sendEmptyMessage（int what）	发送空消息

续表

方法名字	方法功能
sendEmptyMessageDelayed（int what，long delayMillis）	指定延时多少毫秒后发送空信息
sendMessage（Message msg）	立即发送信息
sendMessageDelayed（Message msg）	指定延时多少毫秒后发送信息

6．省略标题栏

Android 中如果不需要标题栏，那么可以将其去除，去除的方法大体可以分为两种：代码中实现和 AndroidManifest.xml 配置文件中实现。

（1）代码中实现。

1）在需要去除标题栏的类 onCreate（）方法中，setContentView（R.layout.main）之前加入：

```
requestWindowFeature(Window.FEATURE_NO_TITLE);
```

但是如果 Activity 继承了 AppCompatActivity，此方法失效了，加入了上面的方法，但是不能去除标题栏。

2）手动在 onCreate（）里调用下面代码：

```
if(getSupportActionBar()!=null){
    getSupportActionBar().hide();
}
```

3）把 1）中调用的方法换成下面的代码：

```
supportRequestWindowFeature(Window.FEATURE_NO_TITLE);
```

（2）配置文件中实现。在需要去除标题栏的 Activity 样式或在整个 AndroidManifest.xml 配置 <application> 标签注册中修改 Activity 的主题样式。

```
android:theme="@style/Theme.AppCompat.NoActionBar"
```

Activity 全屏：

前面的方法能够将安装在手机上的 App 的标题栏去掉，下面的语句能够将 APP 中的 Activity 全屏，你会瞬间觉得手机的屏幕大了很多……在想要全屏的 Activity 中 onCreate（）方法的 setContentView（）代码下面加入如下的语句。

```
View decorView=getWindow().getDecorView();
decorView.setSystemUiVisibility(View.SYSTEM_UI_FLAG_FULLSCREEN);
```

7. 事件处理

图 2-1-9 所示为 Java 中基于监听的事件处理模型。

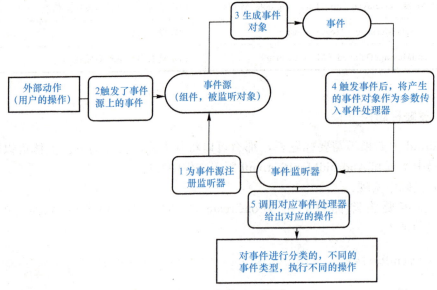

图 2-1-9 事件处理模型

（1）事件处理包含三要素：事件源、发生了什么事件、事件处理者。
（2）事件处理步骤：
1) 找到事件源：findViewById()；
2) 为事件源注册监听器：事件源.setOn***Listener()；
3) 编写事件处理者。
（3）事件处理者的编写有 3 种常用方法：
1) 匿名对象：事件源.setOn***Listener（new ***Listener()｛实现监听接口中的方法｝）。代码如下所示：

```
tv_count.setOnClickListener(new View.OnClickListener(){
    @Override
    public void onClick(View v){
    }
});
```

2) 使用本类：为控件注册监听器代码位置按照如下代码格式编写，事件源.add***Listener（this），方法中的参数为 this，表示使用本类进行监听，本处以单击事件监听为例，代码如下所示：

```
tv_count.setOnClickListener(this);
```

接下来为本类添加事件处理的能力，在本类的类头后面添加 implements ***Listener，参考代码如下所示：

```
public class SplashActivity extends AppCompatActivity
implements View.OnClickListener
```

最后在类中实现事件监听接口中的抽象方法。

```
@Override
public void onClick(View v){
}
```

3）使用内部类：编写一个内部类实现***Listener，实现接口中的抽象方法，在为控件注册监听器代码位置按照如下代码格式编写，事件源.add***Listener（new 内部类的对象），方法中的参数为内部类的一个对象。本处以单击事件监听为例，参考代码如下：

```
tv_count.setOnClickListener(new MyselfOnClickListener());// 此处
使用内部类监听事件
}
// 编写内部类实现事件监听
private class MyselfOnClickListener implements View.OnClickListener{
@Override
public void onClick(View v){
}
}
```

4）在 Android 中还有一种事件处理方法，可以将事件监听直接绑定到布局中的控件上，如下所示：

```
<TextView
    android:layout_width="wrap_content"
    android:layout_height="wrap_content"
    android:onClick="myClick"
    android:text="aaaa">
</TextView>
```

在此布局对应的 Activity 中编写 onClick 方法即可。

```
public void onClick(View v){
}
```

【课后任务】

根据本节课的内容,读者可以完成学习强国 App 启动页面的设计与实现(图 2-1-10)。

图 2-1-10　学习强国 App 启动页面

任务 2.2　主界面顶部标题栏 UI 设计

2.2.1　任务描述

完成主界面顶部标题栏的设计,如图 2-2-1 所示,此处标题栏中整体使用 Frame Layout 布局,包含两个标签控件分别用于显示粉色背景颜色和窗口的标题,还有一个 ViewFlipper 控件,用于显示翻转的广告图片,用户可以根据自己的需求来设计标题栏。

标题栏中的 ViewFlipper 既能够自动翻转，也可以使用手指滑动向左或向右翻转，并可以伴随动画效果。

图 2-2-1　顶部标题栏效果图

画出你的设计草图

2.2.2　任务实施

STEP 1：将用到的图片素材放入项目的 drawable 目录。

STEP 2：在 layout 目录中新建一个布局文件，用来编写与设计顶部标题栏，下面为标题栏布局的代码，以供参考。

```xml
<?xml version="1.0"encoding="utf-8"?>
<FrameLayout
  xmlns:android="http://schemas.android.com/apk/res/android"
  android:layout_width="match_parent"
  android:layout_height="wrap_content"
>
<TextView
  android:layout_width="match_parent"
  android:layout_height="150dp"
  android:background="@drawable/background_top">
```

```xml
</TextView>
<LinearLayout
    android:layout_width="match_parent"
    android:layout_height="wrap_content"
    android:layout_marginLeft="8dp"
    android:layout_marginRight="8dp"
    android:orientation="vertical">
<!-- 顶部标题栏 -->
<LinearLayout
        android:layout_width="match_parent"
        android:layout_height="wrap_content"
        android:orientation="horizontal"
        android:layout_marginTop="10dp"
        android:gravity="center_horizontal"
>
<TextView
        android:id="@+id/tv_top"
        android:layout_width="wrap_content"
        android:layout_height="30sp"
        android:layout_gravity="right"
        android:textSize="20sp"
        android:textColor="#fff"
        android:text=" 本地视频 "/>
</LinearLayout>
<ViewFlipper
    android:id="@+id/vf_ad"
    android:layout_width="match_parent"
    android:layout_height="150dp"
    android:inAnimation="@anim/left_in"
    android:outAnimation="@anim/left_out"
    android:layout_marginTop="8dp"
>
<include layout="@layout/ad_1"></include>
<include layout="@layout/ad_2"></include>
<include layout="@layout/ad_3"></include>
</ViewFlipper>
</LinearLayout>
</FrameLayout>
```

其中加粗显示部分代码是为 ViewFlipper 添加动画文件和静态加入的 3 个翻转界面，代码比较简单，此处只给出一个布局文件的参考代码，其他两个文件修改其中的 background 属性值即可。

```
<?xml version="1.0"encoding="utf-8"?>
<LinearLayout
xmlns:android="http://schemas.android.com/apk/res/android"
android:layout_width="match_parent"
android:layout_height="match_parent"
android:orientation="horizontal"
android:background="@drawable/ad1"
>
</LinearLayout>
```

STEP 3：编写动画文件。

创建动画文件目录：为了给翻转图片时添加动画效果，需要创建动画文件。在项目目录 res 上单击鼠标右键，选择"New"→"Android Resource Directory"命令，在出现的图 2-2-2 所示的对话框中选择 Resource type（资源类型）为 anim，单击"OK"按钮。

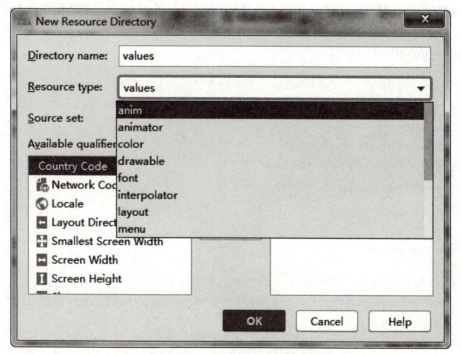

图 2-2-2　新建资源目录窗口

创建动画文件：在动画文件目录上单击鼠标右键，选择"Animation Resource File"命令，如图 2-2-3 所示，在图中 File name 位置输入动画文件的名字。

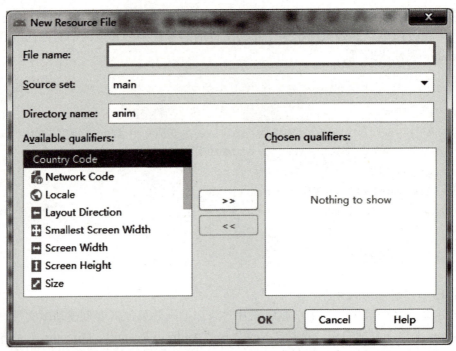

图 2-2-3　创建新动画资源文件窗口

这里需要 4 个动画文件，下面 4 个代码分别为右进、右出、左进和左出时的动画代码，以供参考。

right_in.xml

```xml
<?xml version="1.0"encoding="utf-8"?>
<set xmlns:android="http://schemas.android.com/apk/res/android">
 <translate
   android:duration="2000"
   android:fromXDelta="100%p"
   android:toXDelta="0"/>
</set>
```

right_out.xml

```xml
<?xml version="1.0"encoding="utf-8"?>
<set xmlns:android="http://schemas.android.com/apk/res/android">
<translate
android:duration="2000"
android:fromXDelta="0"
android:toXDelta="100%p"/>
</set>
```

left_in.xml

```xml
<?xml version="1.0"encoding="utf-8"?>
<set xmlns:android="http://schemas.android.com/apk/res/android">
<translate
android:duration="2000"
android:fromXDelta="-100%p"
android:toXDelta="0"/>
</set>
```

left_out.xml

```xml
<?xml version="1.0"encoding="utf-8"?>
<set xmlns:android="http://schemas.android.com/apk/res/android">
<translate
android:duration="2000"
android:fromXDelta="0"
android:toXDelta="-100%p"/>
</set>
```

STEP 4：为 ViewFlipper 实现翻转功能。

实现翻转功能分为自动翻转功能和手势滑动时翻转功能，自动翻转功能的实现在程序中加入如下代码。手势滑动时翻转功能在任务拓展中介绍。

```
vf_ad.setFlipInterval(5000);
vf_ad.setAutoStart(true);
```

2.2.3 任务拓展

ViewFlipper 动态导入 View

Android 自带的一个多页面管理控件 ViewFlipper，可以自动播放实现图片翻转功能。为 ViewFlipper 控件加入 View 有以下两种方法。

（1）静态导入：所谓的静态导入就是像上面布局参考代码加粗显示的代码行，用 <include> 将每个页面添加到 ViewFlipper 的中间。

（2）动态导入：在 Java 程序中通过 addView 方法填充 View，如下代码所示，在程序中定义 3 个 ImageView 控件并为它们设置图片，再调用 ViewFlipper 的 addView 方法添加。

```
ImageView iv1=new ImageView(this);
iv1.setImageResource(R.drawable.movie1);
iv1.setScaleType(ImageView.ScaleType.FIT_XY);
ImageView iv2=new ImageView(this);
iv2.setImageResource(R.drawable.movie2);
iv2.setScaleType(ImageView.ScaleType.FIT_XY);
ImageView iv3=new ImageView(this);
iv3.setScaleType(ImageView.ScaleType.FIT_XY);
iv3.setImageResource(R.drawable.movie3);
vf_ad.addView(iv1);
vf_ad.addView(iv2);
vf_ad.addView(iv3);
```

（3）常用方法。表 2-2-1 列出了 ViewFlipper 控件中的常用方法。

表 2-2-1　ViewFlipper 控件中的常用方法

方法名字	方法功能
setInAnimation	设置 View 进入屏幕时使用的动画
setOutAnimation	设置 View 退出屏幕时使用的动画
showNext	调用该方法来显示 ViewFlipper 里的下一个 View
showPrevious	调用该方法来显示 ViewFlipper 的上一个 View
setFilpInterval	设置 View 之间切换的时间间隔
setAutoStart	设置 ViewFlipper 自动翻转
stopFlipping	停止 View 切换

（4）为 ViewFlipper 添加手势识别。一般情况下，View 类有个 View.OnTouchListener 内部接口，通过重写它的 onTouch（View v，MotionEvent event）方法，可以处理一些 touch 事件，但是这个方法太过简单，如果需要处理一些复杂的手势，用这个接口就会很麻烦。Android SDK 提供了 GestureDetector（Gesture：手势，Detector：识别）类，通过这个类可以识别很多的手势。GestureDetector 这个类对外提供了两个接口和一个内部类：

1）接口：OnGestureListener，OnDoubleTapListener。

2）内部类：SimpleOnGestureListener。

这个内部类，其实是两个接口中所有函数的集成，它包含了这两个接口里所有必须要实现的函数而且都已经重写，但所有方法体都是空的。

下面使用 OnGestureListener 接口来为 ViewFlipper 控件添加手势识别。

STEP 1：创建一个内部类实现 OnGestureListener，并实现其中的所有的抽象方法。此处也可以使用其他的方式来实现这个接口，比如本类或匿名对象。参考代码如下：

```
class MyGesture implements GestureDetector.OnGestureListener{
  @Override
  public boolean onDown(MotionEvent motionEvent){
    return false;
  }
  @Override
  public void onShowPress(MotionEvent motionEvent){
  }
  @Override
  public boolean onSingleTapUp(MotionEvent motionEvent){
    return false;
  }
  @Override
   public boolean onScroll(MotionEvent motionEvent,MotionEvent motionEvent1,float v,float v1){
    return false;
  }
  @Override
  public void onLongPress(MotionEvent motionEvent){
  }
  @Override
   public boolean onFling(MotionEvent motionEvent,MotionEvent motionEvent1,float v,float v1){
    return false;
  }
}
```

STEP 2：创建 GestureDetector 类型的对象。参考代码如下：

```
gestureDetector=new GestureDetector(MainActivity.this,new MyGesture());
```

方法中的参数分别为上下文对象和内部类的对象，内部类对象来完成事件监听。

STEP 3：首先为 ViewFlipper 控件注册 onTouchListener 监听器，事件处理者为本类。然后在实现的 onTouch 抽象方法中完成手势识别的转移，将监听交给上面的 gestureDetector 来完成。

1) 为 ViewFlipper 注册监听器。参考代码如下：

```
vf_ad.setOnTouchListener(this);
```

2) 本类实现 OnTouchListener 监听器。参考代码如下：

```
public class MainActivity extends AppCompatActivity implements View.OnTouchListener
```

3) 定义手势事件处理 GestureDetector 类的对象。参考代码如下：

```
GestureDetector gestureDetector=new GestureDetector(MainActivity.this,new MyGesture());
```

4) 在 onTouch 方法中完成手势监听事件转移。参考代码如下：

```
public boolean onTouch(View v,MotionEvent event){
  return gestureDetector.onTouchEvent(event);
}
```

STEP 4：现在，ViewFlipper 已具有了手势识别的事件监听，接下来在内部编写滑屏监听的方法 onFling() 中编写方法体，完成向左、向右滑动时翻转图片。参考代码如下：

```
private class MyGesture implements GestureDetector.OnGestureListener{
  @Override
  public boolean onDown(MotionEvent e){
    vf_ad.setClickable(true);
    return false;
  }
  @Override
  public void onShowPress(MotionEvent e){
  }
  @Override
  public boolean onSingleTapUp(MotionEvent e){
    return false;
  }
  @Override
   public boolean onScroll(MotionEvent e1,MotionEvent e2,float distanceX,float distanceY){
    return false;
  }
```

```
    @Override
    public void onLongPress(MotionEvent e){
    }
    @Override
     public boolean onFling(MotionEvent e1,MotionEvent e2,float velocityX,float velocityY){
     //首先判断是左滑还是右滑
       if(e2.getX()-e1.getX()>200){//向右滑
     //Toast.makeText(MainActivity.this,"向右滑",Toast.LENGTH_SHORT).show();
         vf_ad.setInAnimation(MainActivity.this,R.anim.left_in);
         vf_ad.setOutAnimation(MainActivity.this,R.anim.left_out);
         vf_ad.showNext();//下一张图片
       }else if(e1.getX()-e2.getX()>200){//向左滑
         //Toast.makeText(MainActivity.this,"向左滑",Toast.LENGTH_SHORT).show();
         vf_ad.setInAnimation(MainActivity.this,R.anim.in);
         vf_ad.setOutAnimation(MainActivity.this,R.anim.out);
         vf_ad.showPrevious();//上一张
       }
       return true;
     }
}
```

STEP 5: 此时运行程序，在ViewFlipper控件上滑动手指并没有实现图片的翻转，是由于ViewFlipper中的onClick事件和onFling事件冲突，解决方法是在onDown方法中加入如下语句。

```
public boolean onDown (MotionEvent e){
   vf_ad.setClickable (true);
   return false;
}
```

【课后任务】

根据本节课的内容，读者可以完成学习强国App主页面顶部的设计与实现（图2-2-4）。

图 2-2-4　学习强国 App 主页面顶部标题栏

任务 2.3　主界面设计

2.3.1　任务描述

如图 2-3-1 所示，完成视频列表界面的设计，此界面由顶部标题栏、中间视频列表、底部标题栏三部分组成。

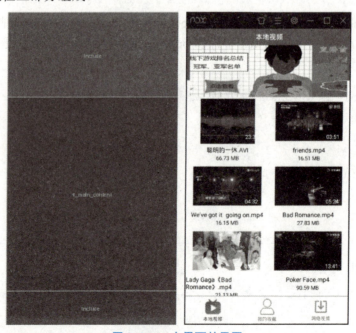

图 2-3-1　主界面效果图

画出你的设计草图

2.3.2 任务实施

创建一个带布局的 Activity 文件，设计编写布局文件，下面为参考代码。

```xml
<?xml version="1.0"encoding="utf-8"?>
<LinearLayout xmlns:android="http://schemas.android.com/apk/res/android"
  android:layout_width="match_parent"
  android:layout_height="match_parent"
  android:background="#fff"
  android:orientation="vertical">
  <!-- 顶部标题栏 -->
  <include layout="@layout/top"></include>
  <FrameLayout
    android:id="@+id/fl_main_content"
    android:layout_width="match_parent"
    android:layout_height="0dp"
    android:layout_weight="1">
  </FrameLayout>
  <!-- 底部标题栏 -->
  <include
    layout="@layout/bottom"
    android:layout_width="match_parent"
    android:layout_height="80dp"
    android:layout_gravity="bottom"/>
</LinearLayout>
```

其中顶部标题栏部分包含的是上一任务中创建的布局文件名字,底部菜单栏中包含的布局文件 bottom.xml 在下一节中介绍。

【课后任务】

根据本节课的内容,读者可以完成学习强国 App 主页面的设计与实现(图 2-3-2)。

图 2-3-2　学习强国 App 主页面

任务 2.4　底部菜单栏 UI 设计

2.4.1　任务描述

完成底部菜单栏的设计,如图 2-4-1 所示,当单击某一个菜单时,菜单栏中图标和文字的颜色有所改变,并且单击不同的菜单在主界面中间显示不同的界面内容。

图 2-4-1　底部菜单效果图

画出你的设计草图

2.4.2　任务实施

STEP 1：新建一个布局文件 bottom.xml，用来设计底部菜单，其中每一组菜单都包括一个图片和一个按钮，下面是布局的参考代码。

```xml
<?xml version="1.0"encoding="utf-8"?>
<LinearLayout  xmlns:android="http://schemas.android.com/apk/res/android"
  android:layout_width="match_parent"
  android:layout_height="80dp"
  android:orientation="vertical">
<!-- 下面的控件是一条横线 -->
<View
  android:layout_width="match_parent"
  android:layout_height="1dp"
  android:background="#ff1092"
></View>
<LinearLayout
  android:layout_width="match_parent"
  android:layout_height="80dp"
  android:orientation="horizontal"
```

```xml
>
<LinearLayout
    android:id="@+id/ll_video"
    android:layout_width="0dp"
    android:layout_height="match_parent"
    android:layout_weight="1"
    android:gravity="center"
    android:orientation="vertical"
    >
    <ImageView
        android:id="@+id/im_video"
        android:layout_width="50dp"
        android:layout_height="50dp"
        android:src="@drawable/video_bottom_press"></ImageView>
    <TextView
        android:id="@+id/tv_video"
        android:layout_width="wrap_content"
        android:layout_height="wrap_content"
        android:textColor="#ff1092"
        android:text=" 本地视频 "></TextView>
</LinearLayout>
```

代码中只放入一组图片和标签控件，根据底部菜单的数量，将此部分的代码复制几次后再修改其中的名字、图片、显示文字即可。

STEP 2：创建 3 个 Fragment 文件，在项目 java 的目录上单击鼠标右键，选择"New"→"Fragment"→"Fragment（Blank）"命令，并为 3 个 Fragment 文件分别创建 3 个布局文件，布局中放入一个标签即可。

其中一个 Fragment 的参考代码如下：

```java
public class MineFragment extends Fragment{
  @Nullable
  @Override
  public View onCreateView(@NonNull LayoutInflater inflater,@Nullable ViewGroup container,@Nullable Bundle savedInstanceState){
    View view=inflater.inflate(R.layout.activity_main2,null);
    return view;
  }
}
```

使用的布局界面代码很简单，只放一个标签控件就可以，此处省略布局代码。

STEP 3：在 Activity 代码中为底部菜单中的每一组包含图片和标签的线性布局添加 onClickListener 事件处理，单击线性布局时修改图片和文本，在主界面中间显示不同的界面内容。线性布局单击事件的核心代码如下：

```
ll_video.setOnClickListener(new View.OnClickListener(){
  public void onClick(View v){
    position=0;
    setFragment();
    im_video.setImageResource(R.drawable.video_bottom_press);
    im_audio.setImageResource(R.drawable.my_bottom);
    im_net_video.setImageResource(R.drawable.ic_tab_netvideo);
    im_net_audio.setImageResource(R.drawable.ic_tab_netaudio);
    tv_video.setTextColor(Color.rgb(255,85,147));
    tv_my.setTextColor(Color.rgb(114,119,123));
    tv_net_video.setTextColor(Color.rgb(114,119,123));
    tv_net_audio.setTextColor(Color.rgb(114,119,123));
    tv_top.setText("本地视频");
    }
});
```

代码中变量 position 为全局变量，初始值为 0，表示进入主界面时默认显示第一个菜单的界面，其中 setFragment 在下面介绍。

STEP 4：setFragment 方法的编写。

此方法用来在主界面中间的 FrameLayout 布局中显示不同的界面。参考代码如下：

```
private void setFragment(){
  FragmentManager manager=getSupportFragmentManager();// 创建 Fragment 管理者
  FragmentTransaction transaction=manager.beginTransaction();// 开启事务
  if(position==0){
    videoFragment=new VideoFragment();
    transaction.replace(R.id.fl_main_content,videoFragment);
  }
  else if(position==1){
    transaction.replace(R.id.fl_main_content,new MineFragment());
  }else if(position==2){
    transaction.replace(R.id.fl_main_content,new NetVideoFragment());
```

```
    }
    transaction.commit();// 提交事务
}
```

STEP 5：运行程序，单击底部菜单在主界面中间显示不同的界面内容。

2.4.3 任务拓展

1．添加 CircularReveal 动画特效

这里的动画需要使用 ViewAnimationUtils 库来实现，但是该库是 Android 5.0 以后才引入的，所以无法满足低版本。使用开源库 CircularReveal，主要是提供了波浪式的展开和回缩动画，利用这个库提供的动画再进行自定义就很容易实现动画的效果了。下面是为底部菜单中的图片添加的动画效果的参考代码。

```
Animator animation=ViewAnimationUtils.createCircularReveal(
    im_audio,
    im_audio.getWidth()/2,
    im_audio.getHeight()/2,
    0,
    im_audio.getWidth());
animation.setInterpolator(new AccelerateDecelerateInterpolator());
animation.setDuration(1000);
animation.start();
```

其中，createCircularReveal 参数的解释如下：

```
static Animator createCircularReveal(View view,int centerX,int centerY,float startRadius,float endRadius)
```

（1）view：需要执行动画的对象，此处为底部菜单的图片。
（2）centerX：动画中心点的 X 坐标。
（3）centerY：动画中心点的 Y 坐标。
（4）startRadius：动画开始时的圆半径。
（5）endRadius：动画结束时的圆半径。
最后设置动画时长和延迟，就可以执行动画了。

2．创建 Fragment

（1）Fragment 的用途。Fragment 是 Android 3.0 后引入的一个新的 API，它出现

的初衷是适应大屏幕的平板电脑,当然现在它仍然是平板 App UI 设计的宠儿,而且普通手机开发也会加入 Fragment,可以把它看成一个小型的 Activity,又称 Activity 片段。如果界面很大,只有一个布局,编写界面会很烦琐,而且如果组件很多,管理也会很烦琐。而使用 Fragment 可以把屏幕划分成几块,然后进行分组,进行模块化的管理,从而可以更加方便地在运行过程中动态地更新 Activity 的用户界面。另外,Fragment 并不能单独使用,它需要嵌套在 Activity 中使用,尽管它拥有自己的生命周期,但是会受到宿主 Activity 的生命周期的影响,比如 Activity 被 destroy 销毁了,它也会随之销毁。图 2-4-2 给出了一个 Fragment 分别对应手机与平板之间不同情况的处理图。

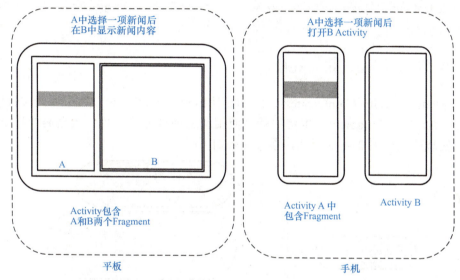

图 2-4-2　平板与手机中 Fragment 使用图

（2）Fragment 的创建。在 android.app 包中和 androidx.fragment.app 包中都有 Fragment,Android Studio 中建议使用后者,前者在程序中显示已经过时。

1）静态加载 Fragment。

STEP 1:定义 Fragment 的布局,就是 Fragment 显示的内容。

STEP 2:自定义一个 Fragment 类,在项目 Java 文件夹上单击鼠标右键,选择新建 Fragment。新建的 Fragment 需要继承 Fragment 或者它的子类,重写 onCreateView () 方法在该方法中,调用 inflater.inflate () 方法加载 Fragment 的布局文件（R.layout.fragment1）,接着返回加载的 view 对象。参考代码如下:

```
public class FragmentOne extends Fragment{
  @Override
  public View onCreateView(LayoutInflater inflater,ViewGroup container,
      Bundle savedInstanceState){
    View view=inflater.inflate(R.layout.fragment1,container,false);
return view;
```

```
    }
}
```

STEP 3：在需要加载 Fragment 的 Activity 对应的布局文件中添加 Fragment 的标签。首先必须要有 id 属性，然后添加 name 属性，属性值是包名＋类名，代码如下所示：

```
<fragment
android:id="@+id/fragment1"
android:name="com.jay.example.fragmentdemo.FragmentOne"
android:layout_width="match_parent"
android:layout_height="0dp"
android:layout_weight="1"/>
```

STEP 4：Activity 在 onCreate () 方法中调用 setContentView () 加载布局文件即可。

2）动态加载 Fragment。本例中就是使用动态加载方式实现，大概需要以下 4 个步骤，实现流程如图 2-4-3 所示，参考代码如下：

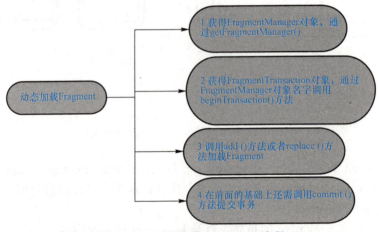

图 2-4-3　动态加载 **Fragment** 流程

STEP 1：创建 FragmentManager 对象。

```
FragmentManager  manager=getFragmentManager();
```

STEP 2：创建 FragmentTransaction 事务对象。

```
FragmentTransaction fragmentTransaction=manager.beginTransaction();
```

STEP 3：使用 replace 方法实现页面的替换。

```
fragmentTransaction.replace(R.id.shop_content,fragmentOne);
```

STEP 4：提交。

```
fragmentTransaction.commit();
```

【课后任务】

根据本节课的内容，读者可以完成学习强国 App 主页面的设计与实现（图 2-4-4）。

图 2-4-4　学习强国 App 底部菜单

任务 2.5　主界面视频列表 UI 设计

2.5.1　任务描述

当在底部菜单中单击本地视频时，在主界面中间位置显示视频列表，如图 2-5-1 所示，如果手机中没有视频，则显示没有发现视频。

图 2-5-1　视频列表界面

画出你的设计草图

2.5.2　任务实施

STEP 1：新建一个布局文件，设计视频列表界面，添加 ListView 控件和 TextView 控件，参考代码如下：

```xml
<?xml version="1.0"encoding="utf-8"?>
<RelativeLayout  xmlns:android="http://schemas.android.com/apk/res/android"
   android:layout_width="match_parent"
   android:layout_height="match_parent">
<ListView
    android:id="@+id/lv_video"
    android:layout_width="match_parent"
    android:layout_height="match_parent"
    android:layout_centerHorizontal="true"/>
<TextView
    android:id="@+id/tv_novideo"
    android:layout_width="wrap_content"
    android:layout_height="wrap_content"
    android:layout_centerInParent="true"
    android:text=" 没有发现视频 "
    android:visibility="gone"/>
</RelativeLayout>
```

STEP 2：ListView 控件列表布局设计。

界面中加入 ListView 控件后运行程序，上面并没有显示数据，因为数据都是通过适配器来加载的。下面先将显示视频数据的列表项的界面设计出来，如图 2-5-2 所示，2 个 ImageView 分别用来显示视频的缩略图和中间的播放图片，3 个标签分别用来显示视频的时长、名字和文件大小。

图 2-5-2　视频列表布局

画出你的设计草图

列表项布局参考代码如下所示：

```xml
<?xml version="1.0" encoding="utf-8"?>
<RelativeLayout xmlns:android="http://schemas.android.com/apk/res/android"
    android:layout_width="wrap_content"
    android:layout_height="wrap_content"
    android:gravity="center">
```

```xml
<LinearLayout
    android:id="@+id/ll_recycler_item"
    android:layout_width="match_parent"
    android:layout_height="wrap_content"
    android:gravity="center"
    android:orientation="vertical">
    <FrameLayout
        android:id="@+id/fl"
        android:layout_width="match_parent"
        android:layout_height="wrap_content">
    <RelativeLayout
        android:layout_width="match_parent"
        android:layout_height="wrap_content">
        <ImageView
            android:id="@+id/iv_icon"
            android:layout_width="200dp"
            android:layout_height="130dp"
            android:layout_centerHorizontal="true"
            android:layout_gravity="center"
            android:layout_marginTop="5dp"
            android:layout_marginBottom="5dp"
            android:src="@drawable/video_default_icon"/>
        <TextView
            android:id="@+id/tv_time"
            android:layout_width="wrap_content"
            android:layout_height="wrap_content"
            android:layout_alignRight="@id/iv_icon"
            android:layout_alignBottom="@id/iv_icon"
            android:layout_centerHorizontal="true"
            android:layout_marginRight="10dp"
            android:layout_marginBottom="10dp"
            android:text="20:00"
            android:textColor="#fff"
            android:textSize="16sp"/>
    </RelativeLayout>
    <ImageView
        android:id="@+id/iv_play"
        android:layout_width="40dp"
        android:layout_height="40dp"
```

```xml
        android:layout_centerInParent="true"
        android:layout_gravity="center"
        android:src="@drawable/btn_video_start_selector">
    </ImageView>
</FrameLayout>
<TextView
    android:id="@+id/tv_name"
    android:layout_width="wrap_content"
    android:layout_height="wrap_content"
    android:layout_gravity="center_horizontal"
    android:text=" 视频的名称 "
    android:textColor="#000"
    android:textSize="18sp"/>
<TextView
    android:id="@+id/tv_size"
    android:layout_width="wrap_content"
    android:layout_height="wrap_content"
    android:layout_gravity="center_horizontal"
    android:text="20MB"
    android:textColor="#000"
    android:textSize="16sp"/>
    </LinearLayout>
</RelativeLayout>
```

2.5.3 任务拓展

1．控件的显示与隐藏

当界面上的某个控件在界面加载之初需要隐藏时，可以在所在布局的 XML 文件中修改 android：visibility 属性，属性值有 3 种，代表含义见表 2-5-1。

表 2-5-1　android：visibility 属性值

visibility 属性值	含义
gone	隐藏，所占位置也不可见
visible	可见，默认状态
invisible	不可见，但所占位置保留，显示一个透明的空间

2. RecyclerView 的使用

RecyclerView 是 support-v7 包中的新组件，是一个强大的滑动组件，与经典的 ListView 相比，同样拥有 item 回收复用的功能，这一点从它的名字 RecyclerView（回收 view）也可以看出。官方对于它的介绍：RecyclerView 是 ListView 的升级版本，更加先进和灵活。RecyclerView 通过设置 LayoutManager、ItemDecoration、ItemAnimator 实现想要的效果。它可以实现水平、垂直、网络、瀑布流等布局，还可以实现分组、顶部标题悬浮、拖动和滑动删除等功能。在程序中加入 RecyclerView 参考代码如下：

```
<androidx.recyclerview.widget.RecyclerView
  android:id="@+id/lv_video"
  android:layout_width="match_parent"
  android:layout_height="match_parent"
  android:layout_centerHorizontal="true"/>
```

【课后任务】

根据本节课的内容，读者可以完成学习强国 App 短视频页面的设计与实现（图 2-5-3）。

图 2-5-3　学习强国 App 短视频页面

任务 2.6　播放器控制面板 UI 设计

2.6.1　任务描述

当我们单击视频列表中的某一个视频时，会进入一个视频播放器界面，该界面具有视频播放的控制功能，如播放、暂停、进度调整、快进、全屏等功能，如图 2-6-1 所示。

图 2-6-1　控制面板设计图

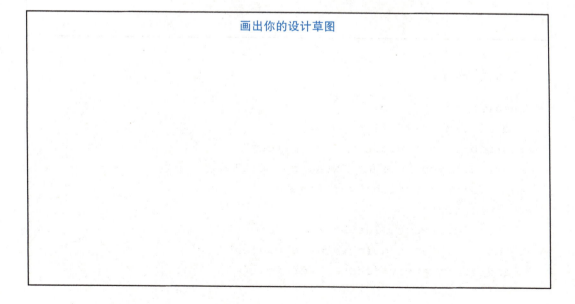

2.6.2 任务实施

在视频控制面板界面的操控按钮很多,整体设计比较复杂,所以可以将整个界面划分为上、中、下三个部分。创建一个布局文件,进行如下的效果设计。

STEP 1:控制面板顶部的设计图如图 2-6-2 所示。

图 2-6-2 面板顶部设计图

画出你的设计草图

参考代码如下:

```
<LinearLayout
  android:id="@+id/ll_top"
  android:layout_width="match_parent"
  android:layout_height="wrap_content"
  android:orientation="vertical">
  <LinearLayout
    android:layout_width="match_parent"
    android:layout_height="wrap_content"
    android:gravity="center_vertical"
```

```xml
android:orientation="horizontal">
<Button
    android:id="@+id/btn_exit"
    android:layout_width="20dp"
    android:layout_height="20dp"
    android:layout_marginLeft="3dp"
    android:layout_marginTop="3dp"
    android:layout_marginBottom="3dp"
    android:background="@drawable/back_selector"/>
<TextView
    android:id="@+id/tv_name"
    android:layout_width="wrap_content"
    android:layout_height="wrap_content"
    android:layout_marginLeft="8dp"
    android:layout_weight="1"
    android:text=" 视频名称 "
    android:textColor="#ffffff"
    android:textSize="14sp"/>
<TextView
    android:id="@+id/curr_time"
    android:layout_width="wrap_content"
    android:layout_height="wrap_content"
    android:textColor="#fff">
</TextView>
<ImageView
    android:id="@+id/battery2"
    android:layout_width="wrap_content"
    android:layout_height="wrap_content"
    ></ImageView>
<ImageView
    android:id="@+id/iv_share"
    android:layout_width="20dp"
    android:layout_height="20dp"
    android:src="@drawable/share_selector"/>
<ImageView
    android:id="@+id/iv_download"
    android:layout_width="20dp"
    android:layout_height="20dp"
```

```xml
            android:layout_marginLeft="10dp"
            android:src="@drawable/download_selector"/>
        <ImageView
            android:id="@+id/iv_tv"
            android:layout_width="20dp"
            android:layout_height="20dp"
            android:layout_marginLeft="10dp"
            android:src="@drawable/tv"/>
        <ImageView
            android:id="@+id/iv_setting"
            android:layout_width="20dp"
            android:layout_height="20dp"
            android:layout_marginLeft="10dp"
            android:layout_marginRight="10dp"
            android:src="@drawable/setting"/>
    </LinearLayout>
    <LinearLayout
        android:layout_width="match_parent"
        android:layout_height="wrap_content"
        android:gravity="center_vertical"
        android:orientation="horizontal">
        <Button
            android:id="@+id/btn_voice"
            android:layout_width="30dp"
            android:layout_height="30dp"
            android:background="@drawable/voice_selector"/>
        <SeekBar
            android:id="@+id/seekbar_voice"
            android:layout_width="wrap_content"
            android:layout_height="wrap_content"
            android:layout_marginRight="20dp"
            android:layout_weight="1"
            android:maxHeight="1dp"
            android:minHeight="1dp"
            android:progress="20"
            android:progressDrawable="@drawable/progress_horizontal"
            android:thumb="@drawable/thumb"/>
    </LinearLayout>
</LinearLayout>
```

STEP 2：控制面板底部的设计图如图 2-6-3 所示。

图 2-6-3　面板底部设计图

画出你的设计草图

参考代码如下：

```
<LinearLayout
    android:id="@+id/ll_bottom"
    android:layout_width="match_parent"
    android:layout_height="wrap_content"
    android:layout_alignParentBottom="true"
    android:orientation="vertical">
<Button
    android:id="@+id/btn_start_pause"
    android:layout_width="60dp"
    android:layout_height="60dp"
    android:layout_weight="1"
    android:background="@drawable/btn_video_pause_selector"/>
<SeekBar
    android:id="@+id/seekbar_video"
    android:layout_width="match_parent"
    android:layout_height="wrap_content"
```

```xml
        android:layout_marginLeft="5dp"
        android:layout_marginRight="5dp"
        android:layout_weight="1"
        android:max="100"
        android:maxHeight="1dp"
        android:minHeight="1dp"
        android:progress="50"
        android:progressDrawable="@drawable/progress_horizontal"
        android:thumb="@drawable/thumb"/>
    <LinearLayout
        android:layout_width="match_parent"
        android:layout_height="wrap_content"
        android:orientation="horizontal">
        <LinearLayout
            android:layout_width="match_parent"
            android:layout_height="wrap_content"
            android:gravity="center_vertical"
            android:orientation="horizontal">
            <TextView
                android:id="@+id/tv_current_time"
                android:layout_width="wrap_content"
                android:layout_height="wrap_content"
                android:layout_marginLeft="5dp"
                android:layout_marginTop="5dp"
                android:layout_marginBottom="5dp"
                android:text="0:00"
                android:textColor="#fff"/>
            <TextView
                android:id="@+id/textView"
                android:layout_width="wrap_content"
                android:layout_height="wrap_content"
                android:layout_marginLeft="5dp"
                android:layout_marginTop="5dp"
                android:layout_marginBottom="5dp"
                android:text="/"
                android:textColor="#fff"/>
            <TextView
                android:id="@+id/tv_duration"
                android:layout_width="wrap_content"
```

```xml
    android:layout_height="wrap_content"
    android:layout_marginLeft="5dp"
    android:layout_marginTop="5dp"
    android:layout_marginBottom="5dp"
    android:text="20.00"
    android:textColor="#fff"/>
<ImageView
    android:id="@+id/btn_pre"
    android:layout_width="wrap_content"
    android:layout_height="wrap_content"
    android:src="@drawable/next_selector"></ImageView>
<ImageView
    android:id="@+id/slow"
    android:layout_width="wrap_content"
    android:layout_height="wrap_content"
    android:src="@drawable/slow_selector"></ImageView>
<TextView
    android:id="@+id/tv_search"
    android:layout_width="wrap_content"
    android:layout_height="wrap_content"
    android:layout_marginLeft="5dp"
    android:layout_weight="1"
    android:background="@drawable/tv_search_bg_selector"
    android:clickable="true"
    android:padding="3dp"
    android:text="准备发射弹幕..."
    android:textColor="@drawable/tv_search_textcolor_selector"
    android:textSize="14sp"
 />
<ImageView
    android:id="@+id/fast"
    android:layout_width="wrap_content"
    android:layout_height="wrap_content"
    android:src="@drawable/fast_selector"></ImageView>
<ImageView
    android:id="@+id/btn_next"
    android:layout_width="wrap_content"
    android:layout_height="wrap_content"
    android:src="@drawable/next_selector"></ImageView>
```

```xml
        <ImageView
            android:id="@+id/btn_full_screen"
            android:layout_width="wrap_content"
            android:layout_height="wrap_content"
            android:src="@drawable/fullscreen_selector"></ImageView>
        <TextView
            android:id="@+id/textView2"
            android:layout_width="wrap_content"
            android:layout_height="wrap_content"
            android:layout_marginLeft="8dp"
            android:text=" 高清 "
            android:textColor="#fff"/>
        <TextView
            android:id="@+id/textView3"
            android:layout_width="wrap_content"
            android:layout_height="wrap_content"
            android:layout_marginLeft="8dp"
            android:layout_marginRight="8dp"
            android:text=" 选集 "
            android:textColor="#fff"/>
    </LinearLayout>
</LinearLayout>
<LinearLayout
    android:layout_width="match_parent"
    android:layout_height="wrap_content"
    android:background="@drawable/bg_player_bottom_control"
    android:orientation="horizontal"
    android:visibility="gone">
    <Button
        android:id="@+id/btn_exit2"
        android:layout_width="wrap_content"
        android:layout_height="wrap_content"
        android:layout_weight="1"
        android:background="@drawable/btn_exit_selector"/>
    <Button
        android:id="@+id/btn_video_pre"
        android:layout_width="wrap_content"
        android:layout_height="wrap_content"
        android:layout_weight="1"
```

```xml
        android:background="@drawable/btn_video_pre_selector"/>
    <Button
        android:id="@+id/btn_start_pause2"
        android:layout_width="50dp"
        android:layout_height="50dp"
        android:layout_weight="1"
        android:background="@drawable/btn_video_pause_selector"/>
    <Button
        android:id="@+id/btn_video_next"
        android:layout_width="wrap_content"
        android:layout_height="wrap_content"
        android:layout_weight="1"
        android:background="@drawable/btn_video_next_selector"/>
    <Button
        android:id="@+id/btn_video_switch_screen"
        android:layout_width="wrap_content"
        android:layout_height="wrap_content"
        android:layout_weight="1"
        android:background="@drawable/btn_video_switch_screen_default_selector"/>
    </LinearLayout>
</LinearLayout>
```

STEP 3：选择器的编写。

控制面板界面中的大部分控件的背景或图片源都设置为选择器，在选择器中设置了"按下"和"未按下"两种状态所使用的图片，这样在"按下"这个控件时就会显示不同的图片，如图片变化、大小变化或透明度变化等，出现动态效果。创建选择器文件在 drawable 目录上单击鼠标右键，选择"New"→"Drawable Resource File"命令，在出现的对话框中输入选择器文件的名字即可。下面为某一个控件的选择器的代码以供参考。

```xml
<?xml version="1.0"encoding="utf-8"?>
<selector xmlns:android="http://schemas.android.com/apk/res/android">
    <!-- 按下状态时显示的图片 -->
    <item android:state_pressed="true"android:drawable="@drawable/download_press"></item>
    <!-- 未按下状态时显示的图片 -->
    <item android:state_pressed="false"
```

```
android:drawable="@drawable/download"></item>
</selector>
```

STEP 4：控制面板中间的设计。

在控制面板中间的右侧有 3 个图片，为了方便后期实现锁屏功能，所以将这 3 个图片放在视频播放界面。读者也可以根据自己的思路和想法进行设计。

2.6.3 任务拓展

1．定制 SeekBar 拖动条

（1）SeekBar 常用属性。SeekBar 常用的属性见表 2-6-1，如果在 Java 代码里使用这些属性一般只要调用 set *** 即可，*** 代表属性的名字，如下面的 max、progress 等。

表 2-6-1 SeekBar 常用属性

方法名字	方法功能
android：max	滑动条的最大值
android：progress	滑动条的当前值
android：secondaryProgress	二级滑动条的进度
android：thumb	滑块的 drawable

（2）简单定制 SeekBar。系统自带的 SeekBar 样式如果不能满足要求，可以修改它的样式。

STEP 1：首先在 drawable 文件夹中编写一个样式文件，在样式文件中修改 SeekBar 的背景图片、缓存背景图片、进度条图片，样式参考代码如下：

```
<?xml version="1.0"encoding="utf-8"?>
<layer-list xmlns:android="http://schemas.android.com/apk/res/android">
  <!- -SeekBar 的背景条颜色- ->
  <item android:id="@android:id/background"android:drawable="@drawable/seekbar_background">
  </item>
  <!--SeekBar 的缓存条颜色- ->
  <item android:id="@android:id/secondaryProgress"android:drawable="@drawable/seekbar_secondprogress">
  </item>
```

```
<!- -SeekBar 的进度条颜色- ->
  <item android:id="@android:id/progress"
android:drawable="@drawable/seekbar_progress">
  </item>
</layer-list>
```

STEP 2：在布局中引入 SeekBar 位置，设置 progressDrawable 属性值为上面创建的样式文件即可。参考代码如下：

```
android:progressDrawable="@drawable/sb_bar"
```

2．编写选择器

在 Android 开发过程中，经常对某一个 View 的背景在不同的状态下，设置不同的背景，增强用户体验。如果按钮在按下时背景变化，若在代码中进行动态设置，相对比较烦琐。Android 提供了 selector 背景选择器，可以非常方便地解决这一问题。选择器中 <item> 项常用的属性及意义见表 2-6-2。

表 2-6-2　选择器中 <item> 项常用属性

方法名字	方法功能
android：state_pressed	表示按下状态
android：state_focused	表示聚焦状态
android：state_selected	表示被选中/未选中状态
android：state_checked	表示勾选/未勾选状态
android：state_enabled	表示设置是否响应事件

【课后任务】

根据本节课的内容，读者可以完成学习强国 App 百灵短视频播放界面的设计与实现（图 2-6-4）。

图 2-6-4　百灵短视频播放页面

任务 2.7　视频播放界面 UI 设计

2.7.1　任务描述

此界面为用户播放视频时的界面，由 VideoView 控件和上一任务中的视频控制面板构成，如图 2-7-1 所示，在视频上面显示控制面板，可以对视频进行相关操作。

图 2-7-1　视频播放界面图

模块 2　视频播放项目 UI 设计

图 2-7-1　视频播放界面图（续）

画出你的设计草图

2.7.2　任务实施

创建一个布局文件，在其中加入 VideoView 控件，并使用 <include> 加入视频控制面板布局，参考代码如下：

```xml
<?xml version="1.0" encoding="utf-8"?>
<RelativeLayout  xmlns:android="http://schemas.android.com/apk/res/android"
    android:orientation="vertical"
    android:layout_width="match_parent"
    android:layout_height="match_parent"
    android:background="#000"
    >
```

```xml
<VideoView
    android:id="@+id/vv_player"
    android:layout_width="match_parent"
    android:layout_height="match_parent"
    android:layout_gravity="center"
    >
</VideoView>
<ImageView
    android:layout_width="wrap_content"
    android:layout_height="wrap_content"
    android:src="@drawable/video"
    android:layout_alignParentRight="true"
    android:layout_above="@id/iv_cut"
    android:layout_marginBottom="20dp"
    >
</ImageView>
<ImageView
    android:id="@+id/iv_cut"
    android:layout_width="30dp"
    android:layout_height="30dp"
    android:layout_alignParentRight="true"
    android:layout_centerVertical="true"
    android:src="@drawable/cut"
    />
<ImageView
    android:id="@+id/iv_unlock"
    android:layout_marginTop="20dp"
    android:layout_width="30dp"
    android:layout_height="30dp"
    android:layout_alignParentRight="true"
    android:layout_below="@id/iv_cut"
    android:src="@drawable/unlock"
    />
<include layout="@layout/net_media_controller"></include>
</RelativeLayout>
```

代码中另外加入了 3 个图片控件，放于窗口的最右侧，用于显示锁屏、拍照、剪辑视频。

2.7.3 任务拓展

使用 VideoView 控件

VideoView 类将视频的显示和控制集于一身，可以借助它完成一个简易的视频播放器。VideoView 和 MediaPlayer 比较相似。VideoView，用于播放一段视频媒体，它继承了 SurfaceView，位于"android.widget.VideoView"，是一个视频控件。具体的视频播放和暂停操作将在视频播放章节讲述。

任务 2.8　App 引导界面的设计

2.8.1 任务描述

在第一次安装 App 应用时，经常会看到一个关于 App 功能介绍的引导界面，引导界面一般由 3～4 个页面组成，最后一个页面上显示一个"马上体验"等文字，单击文字后进入 App 界面（图 2-8-1）。

图 2-8-1　引导界面

画出你的设计草图

2.8.2 任务实施

STEP 1：准备素材。准备两个点的图片、一个点的选择器、三个引导页、一个主布局文件。

（1）准备● ○分别为选中和没选中时的图片。
（2）准备点的选择器：point.xml。参考代码如下：

```xml
<?xml version="1.0"encoding="utf-8"?>
<selector xmlns:android="http://schemas.android.com/apk/res/android">
    <item android:state_enabled="true"android:drawable="@drawable/point_normal"/>
    <item android:state_enabled="false"android:drawable="@drawable/point_select"/>
</selector>
```

（3）准备三个引导页：前两个页面的代码很相似，第三个页面在页面中多加入一个"马上体验"按钮。

第一个页面的参考代码如下：

```xml
<?xml version="1.0"encoding="utf-8"?>
<LinearLayout xmlns:android="http://schemas.android.com/apk/res/android"
    android:layout_width="match_parent"
    android:layout_height="match_parent"
    android:background="@drawable/movie1"
    >
</LinearLayout>
```

第二个页面的参考代码如下：

```xml
<?xml version="1.0"encoding="utf-8"?>
<RelativeLayout xmlns:android="http://schemas.android.com/apk/res/android"
    android:id="@+id/guide4"
    android:layout_width="match_parent"
    android:layout_height="match_parent"
    android:orientation="vertical"android:background="@drawable/movie3">
    <Button
        android:id="@+id/ok"
```

```
        android:layout_width="200dp"
        android:layout_height="wrap_content"
        android:layout_alignParentBottom="true"
        android:layout_centerHorizontal="true"
        android:layout_marginLeft="5dp"
        android:layout_marginRight="5dp"
        android:layout_marginTop="5dp"
        android:layout_marginBottom="80dp"
        android:textSize="30sp"
        android:text=" 马上体验 "
        android:background="@drawable/guide_button_selector"
        />
</RelativeLayout>
```

此处按钮使用选择器设置为只有边框的效果,下面为"马上体验"按钮选择器代码,以供参考:

```
<?xml version="1.0"encoding="utf-8"?>
<selector xmlns:android="http://schemas.android.com/apk/res/android">
<item android:state_pressed="true" android:drawable="@drawable/guide_button_press"></item>
    <item android:state_pressed="false" android:drawable="@drawable/guide_button_normal"></item>
</selector>
```

选择器为按钮设置的背景是一个形状选择器,下面为其中一个背景的选择器参考代码:

```
<?xml version="1.0"encoding="utf-8"?>
<shape xmlns:android="http://schemas.android.com/apk/res/android"android:shape="rectangle">
   <stroke android:width="1dp" android:color="#fff"></stroke>
   <size android:width="60dp" android:height="20dp"></size>
   <solid android:color="#1333"></solid>
   <corners android:radius="5dp"></corners>
</shape>
```

另外一个是当按钮没有按下时的背景选择器文件,只修改了边框为#000(白色),此处省略代码。

（4）准备主布局文件，在布局中加入一个 ViewPager 控件和用于显示小点的三个图片。参考代码如下：

```xml
<?xml version="1.0" encoding="utf-8"?>
<RelativeLayout xmlns:android="http://schemas.android.com/apk/res/android"
   xmlns:tools="http://schemas.android.com/tools"
   android:layout_width="wrap_content"
   android:layout_height="wrap_content">
   <androidx.viewpager.widget.ViewPager
      android:id="@+id/viewpager"
      android:layout_width="fill_parent"
      android:layout_height="fill_parent"/>
   <LinearLayout
      android:id="@+id/point"
      android:layout_width="wrap_content"
      android:layout_height="wrap_content"
      android:layout_alignParentBottom="true"
      android:layout_centerHorizontal="true"
      android:layout_marginBottom="24.0dip"
      android:orientation="horizontal"
      >
      <ImageView
         android:layout_width="wrap_content"
         android:layout_height="wrap_content"
         android:layout_gravity="center_vertical"
         android:clickable="true"
         android:padding="15.0dip"
         android:src="@drawable/point"/>
      <ImageView
         android:layout_width="wrap_content"
         android:layout_height="wrap_content"
         android:layout_gravity="center_vertical"
         android:clickable="true"
         android:padding="15.0dip"
         android:src="@drawable/point"/>
      <ImageView
         android:layout_width="wrap_content"
         android:layout_height="wrap_content"
```

```xml
        android:layout_gravity="center_vertical"
        android:clickable="true"
        android:padding="15.0dip"
        android:src="@drawable/point"/>
    </LinearLayout>
</RelativeLayout>
```

STEP 2：编写 ViewPager 的适配器。参考代码如下：

```java
public class ViewPagerAdapter extends PagerAdapter{
 //界面列表
  private ArrayList<View> views;
  public ViewPagerAdapter(ArrayList<View> views){
    this.views=views;
  }
  /**
   * 获得当前界面数
   */
  @Override
  public int getCount(){
    if(views !=null){
      return views.size();
    }
    return 0;
  }
  /**
   * 初始化 position 位置的界面
   */
  @Override
  public Object instantiateItem(View view,int position){
   ((ViewPager)view).addView(views.get(position),0);
    return views.get(position);
  }
  /**
   * 判断是否由对象生成界面
   */
  @Override
  public boolean isViewFromObject(View view,Object arg1){
    return(view ==arg1);
```

```
    }
    /**
    * 销毁position位置的界面
    */
    @Override
    public void destroyItem(View view,int position,Object arg2){
      ((ViewPager)view).removeView(views.get(position));
    }
}
```

STEP 3:编写主Activity。参考代码如下:

```
public class GuideActivity extends AppCompatActivity implements
View.OnClickListener,ViewPager.OnPageChangeListener{
    private ViewPager viewPager;// 定义ViewPager对象
    private ViewPagerAdapter vpAdapter;// 定义ViewPager适配器
    private ArrayList<View> views;// 定义一个ArrayList来存放View
    private View view1,view2,view3,view4;// 定义各个界面View对象
    private ImageView[] points;// 底部小点的图片
    private int currentIndex;// 记录当前选中位置
    private Button ok;
    @Override
    protected void onCreate(Bundle savedInstanceState){
      super.onCreate(savedInstanceState);
      setContentView(R.layout.guidelayout);
      SharedPreferences name=getSharedPreferences("name",MODE_PRIVATE);
      SharedPreferences.Editor edit=name.edit();
      if(name.getString("isShow","true").equals("true")){
        initView();
        initData();
        vpAdapter.notifyDataSetChanged();
        edit.putString("isShow","false").commit();
      }else{
        Intent intent=new Intent(GuideActivity.this,SplashActivity.class);
        startActivity(intent);
        finish();
      }
    }
```

```java
@Override
protected void onDestroy(){
  super.onDestroy();
}
private void initView(){// 初始化组件
    LayoutInflater mLi=LayoutInflater.from(this);// 实例化各个界面的布局对象
  view1=mLi.inflate(R.layout.guide1,null);
  view2=mLi.inflate(R.layout.guide2,null);
  view3=mLi.inflate(R.layout.guide3,null);
  ok=view3.findViewById(R.id.ok);
  viewPager=(ViewPager)findViewById(R.id.viewpager);// 实例化 ViewPager
    views=new ArrayList<View>();// 实例化 ArrayList 对象
    vpAdapter=new ViewPagerAdapter(views);// 实例化 ViewPager 适配器
      }
private void initData(){// 初始化数据
    viewPager.setOnPageChangeListener(this);// 设置监听
  ok.setOnClickListener(new View.OnClickListener(){
    @Override
    public void onClick(View v){
      Intent intent=new Intent(GuideActivity.this,SplashActivity.class);
      startActivity(intent);
      finish();
    }
  });
    viewPager.setAdapter(vpAdapter);// 设置适配器数据
  // 将要分页显示的 View 装入数组
  views.add(view1);
  views.add(view2);
  views.add(view3);
    initPoint(views.size());// 初始化底部小点
}
private void initPoint(int views){// 初始化底部小点
  LinearLayout linearLayout=(LinearLayout)findViewById(R.id.point);
  points=new ImageView[views];
    for(int i=0;i<views;i++){// 循环取得小点图片
    // 得到一个 LinearLayout 下面的每一个子元素
    points[i]=(ImageView)linearLayout.getChildAt(i);
    points[i].setEnabled(true);// 默认都设为灰色
```

```java
            points[i].setOnClickListener(this);// 给每个小点设置监听
            points[i].setTag(i);// 设置位置tag，方便取出与当前位置对应
    }
        currentIndex=0;// 设置当面默认的位置
        points[currentIndex].setEnabled(false);// 设置为白色，即选中状态
}
@Override
public void onPageScrollStateChanged(int arg0){// 当滑动状态改变时调用
}
@Override
public void onPageScrolled(int arg0,float arg1,int arg2){// 当前页面被滑动时调用
}
@Override
public void onPageSelected(int position){// 当新的页面被选中时调用
        setCurDot(position);// 设置底部小点选中状态
}
@Override
    public void onClick(View v){// 通过单击事件来切换当前的页面
    int position=(Integer)v.getTag();
    setCurView(position);
    setCurDot(position);
}
private void setCurView(int position){// 设置当前页面的位置
    if(position<0 || position >=4){
        return;
    }
    viewPager.setCurrentItem(position);
}
private void setCurDot(int positon){// 设置当前的小点的位置
    if(positon<0 || positon > 3 || currentIndex ==positon){
        return;
    }
    points[positon].setEnabled(false);
    points[currentIndex].setEnabled(true);
    currentIndex=positon;
}
}
```

【注意】在初始化 ViewPager 时，应先初始化 Adapter 内容，再将该 Adapter 传给 ViewPager，如果不这样处理，在更新 Adapter 的内容后，应该调用 Adapter 的 notifyDataSetChanged 方法，否则在 ADT22 以上使用会报 "The application's PagerAdapter changed the adapter's contents without calling PagerAdapter#notifyDataSetChanged" 的异常，解决办法是在设置完 ViewPager 的适配器后，调用适配器的 vpAdapter.notifyDataSetChanged()。

2.8.3 任务拓展

1. 使用 SharedPreferences 存储数据

此引导界面在安装应用程序后只加载一次，使用 SharedPreferences 实现。

SharedPreferences 是 Android 平台上一个轻量级的存储辅助类工具，用来保存应用的一些常用配置，它提供了 string、set、int、long、float、boolean 六种数据类型。最终数据是以 xml 形式进行存储。在应用中通常做一些简单数据的持久化缓存。

（1）SharedPreferences 存储 / 读取数据。

STEP 1：要在 SharedPreferences 中存储数据，首先要获得 SharedPreferences 的对象。

```
SharedPreferences name=getSharedPreferences("name", MODE_PRIVATE);
```

第二个参数代表读数据的模式，有以下四种模式。

1）MODE_PRIVATE：为默认操作模式，代表该文件是私有数据，只能被应用本身访问，在该模式下，写入的内容会覆盖原文件的内容；

2）MODE_APPEND：此模式会检查文件是否存在，存在就向文件中追加内容，否则就创建新文件；

3）MODE_WORLD_READABLE：表示当前文件可以被其他应用读取；

4）MODE_WORLD_WRITEABLE：表示当前文件可以被其他应用写入。

STEP 2：调用 edit() 以获取 SharedPreferences.Editor。

```
SharedPreferences.Editor edit=name.edit();
```

STEP 3：使用 putBoolean() 和 putString() 等方法添加值，读数据为 get***() 方法。

STEP 4：使用 commit() 提交新值。

下面为本例中使用代码，以供参考。

```
SharedPreferences name=getSharedPreferences("name",MODE_PRIVATE);
```

```
SharedPreferences.Editor edit=name.edit();
if(name.getString("isShow","true").equals("true")){
  initView();
  initData();
  vpAdapter.notifyDataSetChanged();
  edit.putString("isShow","false").commit();
}else{
  Intent intent=new Intent(GuideActivity.this,SplashActivity.class);
  startActivity(intent);
  finish();
}
```

使用 SharedPreferences 保存数据，其背后是用 xml 文件存放数据，文件存放在 /data/data/<packagename>/shared_prefs 目录下，如图 2-8-2 所示。

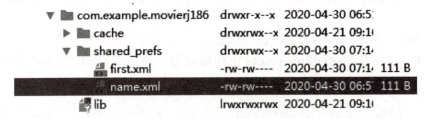

图 2-8-2 文件存放目录

双击 name.xml 文件后的内容如下：

```
<?xml version='1.0' encoding='utf-8' standalone='yes'?>
<map>
<string name="isShow">false</string>
</map>
```

2. ViewPager 控件

ViewPager 是 Android 扩展包 v4 包中的类，它直接继承了 ViewGroup 类，可以在其中添加其他的 View 类，让用户左右切换当前的 View。ViewPager 类需要一个 PagerAdapter 适配器类给它提供数据。具体使用步骤参考本节中实现引导页的步骤即可，另外也可以给引导页中加入一些动画效果以实现更好的用户体验。

增加界面 UI 设计

任务描述：

_____

_____

_____

_____

_____

UI 设计草图：

在此画出设计草图

核心代码：

_____

_____

_____

_____

_____

_____

_____

_____

增加界面 UI 设计

任务描述：

UI 设计草图：

在此画出设计草图

核心代码：

模块 2　视频播放项目 UI 设计

学习性工作任务单

学习场	视频播放器 UI 设计			
学习情境	界面设计			
学习任务	布局与控件的使用		学时	20 学时
典型工作过程描述	Splash UI 设计—主界面设计—播放器界面—引导界面			
学习目标	1. 掌握与运用 Android Studio 中常用的布局； 2. 掌握与运用 Android Studio 中常用的控件； 3. 理解 Android Studio 中的目录结构； 4. 理解 Activity 的作用并能够熟练运用； 5. 能够正确运用选择器； 6. 掌握控件适配器的编写； 7. 熟练运用控件的属性并编写布局文件； 8. 能够编写简单的动画文件			
任务描述	1. 完成 Splash UI 界面的设计与实现； 2. 完成播放器主界面的设计与实现； 3. 完成播放器界面的设计与实现； 4. 完成引导界面的设计与实现			
学时安排	资讯 4 学时	计划 1 学时	决策 1 学时	实施 13 学时	检查与评价 1 学时
对学生的要求	1. 熟练掌握 Android Studio 的使用，并对使用过程中出现的问题能够快速解决； 2. 能够熟练运用 Android Studio 中的常用布局与控件完成各种复杂的界面设计与实现； 3. 理解 Activity 的作用，并熟练运用； 4. 熟练掌握 Android Studio 的目录结构并正确运用； 5. 熟练运用 Java 中的事件处理； 6. 理解适配器的作用并能够正确编写； 7. 能够正确编写开发过程中所需的选择器及动画文件； 8. 更深入地理解配置文件 Android Manifest 的使用； 9. 提高编写、开发与调试程序的能力； 10. 提高阅读文档与分析问题的能力； 11. 提高团队合作的能力			
参考资料	活页式教材 校外网站			

资讯单

学习场	视频播放器 UI 设计		
学习情境	界面设计		
学习任务	布局与控件的使用	学时	4 学时
典型工作过程描述	Splash UI 设计—主界面设计—播放器界面—引导界面		
搜集资讯的方式	1. 教师讲解； 2. 互联网查询； 3. 同学交流		
资讯描述	查看教师提供的资料或者网络获取内容，完成视频播放器所有界面的设计与实现		
对学生的要求	带好个人计算机及计划书；课前做好充分的预习		
参考资料	课件、活页式教材		

分组单

学习场	视频播放器 UI 设计		
学习情境	界面设计		
学习任务	布局与控件的使用		
典型工作过程描述	Splash UI 设计—主界面设计—播放器界面—引导界面		
分组情况	组别	组长	组员
分组说明			
班级		教师签字	日期

计划单

学习场	视频播放器 UI 设计		
学习情境	界面设计		
学习任务	布局与控件的使用	学时	1 学时
典型工作过程描述	Splash UI 设计—主界面设计—播放器界面—引导界面		
计划制定的方式			

序号	工作步骤	注意事项

	班级		第____组	组长签字	
	教师签字		日期		
计划评价	评语:				

决策单

学习场	视频播放器 UI 设计			
学习情境	界面设计			
学习任务	布局与控件的使用		学时	1 学时
典型工作过程描述	Splash UI 设计—主界面设计—播放器界面—引导界面			

计划对比

序号	计划的可行性	计划的经济性	计划的可操作性	计划的实施难度	综合评价
1					

	班级		第____组	组长签字	
	教师签字		日期		
决策评价	评语：				

实施单

学习场	视频播放器 UI 设计			
学习情境	界面设计			
学习任务	布局与控件的使用		学时	13 学时
典型工作过程描述	Splash UI 设计—主界面设计—播放器界面—引导界面			
序号	实施步骤		注意事项	
实施说明：				
实施评价	班级		第____组	组长签字
	教师签字		日期	
	评语：			

检查与评价单

学习场	视频播放器 UI 设计			
学习情境	界面设计			
学习任务	布局与控件的使用		学时	1学时
典型工作过程描述	Splash UI 设计—主界面设计—播放器界面—引导界面			
评价项目	评价子项目	学生自评	组内评价	教师评价
Splash UI 设计与实现	1.Splash 界面的设计； 2.Splash 界面的实现			
主界面的设计与实现	1. 主界面的设计； 2. 主界面的实现			
视频播放界面的设计与实现	1. 视频播放界面的设计； 2. 视频播放界面的实现			
引导界面的设计与实现	1.引导界面的设计； 2.引导界面的实现			
最终结果				
评价	班级		第____组	组长签字	
	教师签字		日期		
	评语：				

模块 3
实现视频播放

任务 3.1　获取本地视频数据

3.1.1　任务描述

在主界面中间位置显示手机存储中的视频数据,即在模块 2 设计的视频列表界面中 ListView 上显示,效果如图 3-1-1 所示。

图 3-1-1　视频列表显示界面

3.1.2　任务实施

STEP 1:创建 MediaItem.java 视频实体类。参考代码如下:

```
public class MediaItem  implements Serializable{
  private String name;
  private long duration;
  private long size;
```

```java
private String data;
private  String artist;
private String desc;
private String imageUrl;
public String getDesc(){
   return desc;
}
public void setDesc(String desc){
   this.desc=desc;
}
public String getImageUrl(){
   return imageUrl;
}
   public void setImageUrl(String imageUrl){
   this.imageUrl=imageUrl;
}
@Override
public String toString(){
   return "MediaItem{"+
       "name='"+ name + '\'' +
       ",duration="+ duration +
       ",size="+ size +
       ",data='"+ data + '\'' +
       ",artist='"+ artist + '\'' +
       ",desc='"+ desc + '\'' +
       ",imageUrl='"+ imageUrl + '\'' +
       '}';
}
public long getDuration(){
   return duration;
}
public void setDuration(long duration){
   this.duration=duration;
}
public long getSize(){
   return size;
}
public void setSize(long size){
   this.size=size;
```

```
    }
    public String getData(){
        return data;
    }
    public void setData(String data){
        this.data=data;
    }
    public String getArtist(){
        return artist;
    }
    public void setArtist(String artist){
        this.artist=artist;
    }
    public String getName(){
        return name;
    }
    public void setName(String name){
        this.name=name;
    }
}
```

STEP 2：在 Fragment 中读取手机存储中的数据，核心代码如下。

```
ContentResolver resolver=context.getContentResolver();
//读取数据
    Uri uri=MediaStore.Video.Media.EXTERNAL_CONTENT_URI;
    String[] objs={
        MediaStore.Video.Media.DISPLAY_NAME,//视频名字
        MediaStore.Video.Media.DURATION,//视频时长
        MediaStore.Video.Media.SIZE,//视频文件大小
        MediaStore.Video.Media.DATA,//视频地址
        MediaStore.Video.Media.ARTIST//演唱者，艺术家
    };
    Cursor cursor=resolver.query(uri,objs,null,null,null);
    if(cursor!=null){
        while(cursor.moveToNext()){
            MediaItem mediaItem=new MediaItem();//创建一个视频实体类的对象
            mediaItem.setName(cursor.getString(0));//取视频名字
            mediaItem.setDuration(cursor.getLong(1));
```

```
            mediaItem.setSize(cursor.getLong(2));
            mediaItem.setData(cursor.getString(3));
            mediaItem.setArtist(cursor.getString(4));
            Log.i("mediaitem",mediaItem.toString());
            mediaItems.add(mediaItem);
        }
    }
```

STEP 3：创建 ListView 的适配器，参考代码如下。

```
public class VideoPagerAdapter extends BaseAdapter{// 内部类
    Utils u2=new Utils();// 生成Utils类的对象    类名  对象名= new   类名()
    Context context;
    ArrayList<MediaItem> mediaItems;
    // 添加构造方法
    public  VideoPagerAdapter(Context context,ArrayList<MediaItem> mediaItems){
       this.context=context;
       this.mediaItems=mediaItems;
    }
    @Override
    public int getCount(){// 得到视频数量
       return  mediaItems.size();
    }
    @Override
    public Object getItem(int position){
       return null;
    }
    @Override
    public long getItemId(int position){
       return 0;
    }
    @Override
     public View getView(int position,View convertView,ViewGroup parent){
       ViewHoder viewHoder=new ViewHoder();
       if(convertView==null)
       {      // 加载布局
         convertView=View.inflate(context,R.layout.video_item,null);
```

```
      viewHoder.tv_name=convertView.findViewById(R.id.tv_name);
      viewHoder.tv_duration=convertView.findViewById(R.id.tv_time);
      viewHoder.tv_size=convertView.findViewById(R.id.tv_size);
      viewHoder.iv_icon=convertView.findViewById(R.id.iv_icon);
      convertView.setTag(viewHoder);
    }else{
      viewHoder=(ViewHoder)convertView.getTag();
    }
    MediaItem mediaItem=mediaItems.get(position);
    MediaMetadataRetriever media=new MediaMetadataRetriever();
media.setDataSource(mediaItem.getData());
     Bitmap bitmap=media.getFrameAtTime(10000000,MediaMetadataR
etriever.OPTION_CLOSEST_SYNC);
    viewHoder.iv_icon.setImageBitmap(bitmap);
    viewHoder.tv_name.setText(mediaItem.getName());
    viewHoder.tv_duration.setText(u2.stringForTime((int)mediaItem.
getDuration())  );
     viewHoder.iv_icon.setScaleType(ImageView.ScaleType.CENTER_
CROP);
    viewHoder.tv_size.setText(Formatter.formatFileSize(context,
mediaItem.getSize()));
    return convertView;
  }
  static class ViewHoder{
    ImageView iv_icon;
    TextView tv_name;
    TextView tv_duration;
    TextView tv_size;
  }
}
```

STEP 4：数据读取完毕后，发送消息通知界面显示数据，核心代码如下：
（1）发送消息。

```
handler.sendEmptyMessage(0);
```

（2）处理消息。如果有视频数据就调用适配器加载显示数据；如果没有数据则显示"没有视频数据"标签。

```
private Handler handler=new Handler(){
```

```
    @Override
    public void handleMessage(@NonNull Message msg){
      super.handleMessage(msg);
      if(mediaItems!=null && mediaItems.size()>=0){// 如果有视频数据
        // 在界面上显示数据
        myAdapter=new RecyclerViewAdapter(context,mediaItems);
        lv_video.setAdapter(myAdapter);
      }
      else{
        // 让标签显示出来
        tv_novideo.setVisibility(View.VISIBLE);
      }
    }
};
```

STEP 5：添加手机的读取权限。

程序中的视频是从手机存储中读取的，所以需要读取权限，在项目的配置文件 AndroidManifest.xml 文件中加入如下的权限：

```
<uses-permission android:name="android.permission.READ_EXTERNAL_STORAGE"/>
```

另外，如果手机使用 Android 6.0 以上操作系统时，还需要加入动态权限才能运行程序，所以在启动界面中加入如下代码：

```
private boolean isGrantExternal(Activity activity){
    if(Build.VERSION.SDK_INT >=Build.VERSION_CODES.M &&
        activity.checkSelfPermission(Manifest.permission.READ_EXTERNAL_STORAGE)
            !=PackageManager.PERMISSION_GRANTED){
        activity.requestPermissions(new String[]{
            Manifest.permission.READ_EXTERNAL_STORAGE,
            Manifest.permission.WRITE_EXTERNAL_STORAGE
        },1);
        return false;
    }
    return true;
}
```

然后在启动界面的 onCreate() 方法中调用此方法。

```
isGrantExternal(SplashActivity.this);
```

STEP 6：运行程序后就可以显示手机存储中的所有的视频文件。

【注意】如果使用模拟器运行程序，需要先在模拟器中加入视频，然后将模拟器关机后，再开机才能读取到视频文件。在模拟器中加入视频的方法请参照本节任务拓展。

3.1.3 任务拓展

1．模拟器中加入视频

保证模拟器为启动状态，在 Android Studio 右下角找到"Device File Explorer"选项并打开，如图 3-1-2 所示。

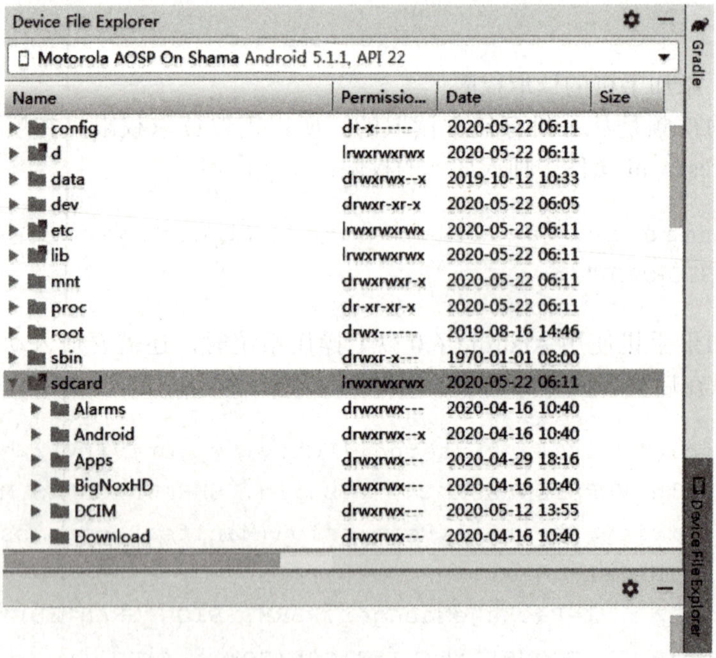

图 3-1-2　Device File Explorer 界面

在 sdcard 目录上单击鼠标右键选择"upload"命令，从计算机中选择想要上传的文件。注意上传的视频文件不能太大，因为在创建模拟器时，一般都是默认 sdcard 大小为 100 M 或 200 M，文件太大会导致上传失败。上传成功后在窗口右下角会弹出图 3-1-3 所示的提示信息。

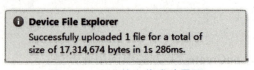

图 3-1-3　文件上传成功界面

上传完视频后,不要忘记将模拟器关机后,再重新运行程序。

【温馨提示】读者也可以在项目中开发录制视频和视频剪辑等功能,录制视频是留存生活片段很好的形式,可以记录生活的点点滴滴和美好的记忆;也可以在项目中加入分享功能,将自己的学习心得或生活精彩瞬间与朋友分享。

2．Android 中权限的设置

Android 安全架构规定,在默认情况下,任何应用都没有权限执行对其他应用、操作系统或用户有不利影响的任何操作。这包括读写用户的私有数据(如联系人或电子邮件等)、读写其他应用的文件、执行网络访问、使设备保持唤醒状态等。如果要使用这些受保护的设备功能,首先要在应用的清单文件(AndroidManifest.xml)中添加一个或多个 <uses-permission> 标记。

对于 Android 开发来说,经常需要申请权限,Android 6.0 以前,所有权限的配置只需要在配置文件 AndroidManifest.xml 中编写权限配置就可以了,但 Android 6.0 以后版本中,Google 为了提高系统的安全性,当 App 需要用到用户隐私权限时需要进行权限配置,除了在配置文件 AndroidManifest.xml 中编写权限配置之外,还需要手动进行权限适配。

申请权限的方式有以下两种:

(1)在配置文件 AndroidManifest.xml 中编写权限配置;
(2)在逻辑代码中动态申请权限授权。

Android 权限可以分为普通权限和高级权限两大类。

(1)常见的普通权限,代码如下:

```
CHANGE_NETWORK_STATE        // 允许程序改变网络连接状态
CHANGE_WIFI_STATE           // 允许程序改变 WiFi 连接状态
INTERNET                    // 网络权限
VIBRATE                     // 震动
WAKE_LOCK                   // 锁屏
```

(2)常见的高级权限,代码如下:

```
READ_EXTERNAL_STORAGE       // 读存储
WRITE_EXTERNAL_STORAGE      // 写存储
SEND_SMS                    // 发短信
RECEIVE_SMS                 // 收短信
READ_SMS                    // 读短信
CALL_PHONE                  // 打电话
```

另外,如果需要动态获取权限的方法,可以参考本节中添加动态权限的代码。

3．获取视频的缩略图

使用 MediaMetadataRetriever 获取 Bitmap,这种方法比较占内存。参考代码

如下:

```
MediaMetadataRetriever media=new MediaMetadataRetriever();
media.setDataSource(videoPath);
Bitmap bitmap=media.getFrameAtTime();
```

getFrameAtTime()方法中第一个参数为时间戳,但是对于不同的机型,抓取时间戳的图片可能会稍有差异,所以第二个参数配合使用可以达到不同程度的时间精确度。

(1) OPTION_PREVIOUS_SYNC:前一个 i-frame;
(2) OPTION_NEXT_SYNC:后一个 i-frame;
(3) OPTION_CLOSEST_SYNC:最近的 i-frame,不管前后;
(4) OPTION_CLOSEST:最近的 frame,不一定是 i-frame。

如果只看文档就会以为用 getFrameAtTime + OPTION_CLOSEST 就能非常精准地返回在输入时间戳附近的视频帧,但在不同 device 上运行代码才发现其时间还是有偏差的。

任务 3.2　实现视频播放

3.2.1　任务描述

单击本地视频列表中的视频文件,会进入视频播放界面,并且实现视频的播放和暂停等操作。

3.2.2　任务实施

STEP 1:ListView 控件添加事件处理,参考代码如下:

```
lv_video_list.setOnItemClickListener(new MyOnItemClickListener());//
注册监听器
```

内部类实现事件监听,参考代码如下:

```
private class MyOnItemClickListener implements AdapterView.
OnItemClickListener{
  @Override
  public void onItemClick(AdapterView<?> parent,View view,int
```

```
position,long id){
    MediaItem mediaItem=mediaItems.get(position);//按照列表下标从
集合中取出相应的视频
    Intent intent=new Intent(context,SystemVideoPlayer.class);
        Bundle bundle=new Bundle();
    bundle.putSerializable("videolist",mediaItems);
    intent.putExtras(bundle);//将视频列表传递给视频播放器
    intent.putExtra("position",position);//传递视频的位置
    context.startActivity(intent);
  }//内部类
}
```

STEP 2：创建播放器 Activity 进行视频播放。参考代码如下：

```
public class SystemVideoPlayer  extends AppCompatActivity{
protected void onCreate(@Nullable Bundle savedInstanceState){
  super.onCreate(savedInstanceState);
  setContentView(R.layout.system_video_pager);//加载布局
  Log.i("SystemVideoPlayer","onCreate()");
videoView=findViewById(R.id.videoView);
//读取传递过来的视频数据
mediaItems=(ArrayList<MediaItem>)getIntent().getSerializableEx
tra("videolist");
if(mediaItems!=null & mediaItems.size()>0){//是本地视频数据
  position=getIntent().getIntExtra("position",0);
  mediaItem=mediaItems.get(position);//根据位置从集合中取数据
  videoView.setVideoPath(mediaItem.getData());//设置视频播放地址
}else{
  Toast.makeText(this,"没有视频数据",Toast.LENGTH_SHORT).show();
}
videoView.setOnPreparedListener(new MediaPlayer.OnPreparedListener(){
  @Override
  public void onPrepared(MediaPlayer mp){
        videoView.start();
  }
});
  }
}
```

3.2.3 任务拓展

1. VideoView 视频的控制

可以使用表 3-2-1 中的方法对视频进行控制，实现视频的暂停等操作。

表 3-2-1 VideoView 控件常用方法

方法名称	功能描述
start ()	开始播放
pause ()	暂停
setVideoPath ()	以文件路径的方式设置 VideoView 播放的视频源
setVideoURI ()	以 Uri 的方式设置 VideoView 播放的视频源，可以是网络 Uri 或本地 Uri
resume ()	重新播放
stopPlayback ()	停止播放
isPlaying ()	当前 VideoView 是否在播放视频
seekTo ()	从第几毫秒开始播放
getCurrentPosition ()	获取当前播放的位置
getDuration ()	获取当前播放视频的总长度
setMediaController ()	设置 MediaController 控制器

表 3-2-2 中的方法为 VideoView 控件的常用事件监听方法，包括准备好事件监听、播放完毕事件监听和播放出错事件监听，一般把视频播放操作写在视频准备好事件监听。

表 3-2-2 VideoView 的常用事件监听

监听器	功能描述
setOnPreparedListener ()	监听视频装载完成的事件
setOnCompletionListener ()	监听播放完成的事件
setOnErrorListener ()	监听播放发生错误时候的事件

2. Activity 之间参数的传递

用 Intent 可以实现 Activity 之间相互跳转，在跳转的同时不免也需要传递一些参数，下面介绍如何在一个 Activity 里传递参数，在另一个 Activity 里接受参数。参数的传递大概可以总结为以下三种方式：

（1）在 Activity 之间传递简单数据。

主 Activity：MainActivity 传递参数。参考代码如下：

```
Intent intent=new Intent(MainActivity.this,SystemVideoPlayer.
class);// 加入参数，传递给 AnotherActivity
intent.putExtra("position",position);// 传递视频的位置
startActivity(intent);
```

目标 Activity：SystemVideoPlayer 接收从主 Activity 传递过来的参数。

```
getIntent().getStringExtra("data");
```

（2）在 Activity 之间传递复杂数据。传递复杂数据时可以使用数据包 Bundle，参考代码如下：

```
Intent intent=new Intent(MainActivity.this,SystemVideoPlayer.
class);
Bundle b=new Bundle();
b.putString("name"," 小明 ");
b.putInt("age",20);
b.putChar("sex",' 男 ');
intent.putExtras(b);
startActivity(intent);
```

获取数据包 Bundle，参考代码如下：

```
Intent i=getIntent();
Bundle data=i.getExtras();
TextView tv=(TextView)findViewById(R.id.tv);
tv.setText(String.format("name="+data.
getString("name")+",age="+data.getInt("age")+",sex="+data.getC
har("sex")+",score="+"99"));
```

（3）在 Activity 之间传递自定义值对象。所谓的值对象就是自定义的有数据类型的对象，在实际使用中传递值对象比较实用。比如这里传递的就是自定义的 MediaItem 类的对象集合。此时需要自定义的 MediaItem 类必须进行序列化，比如实现 Serializable 这个接口，这个序列化在定义 MediaItem 类时已经加入好了。

主 Activity 中进行参数传递，参考代码如下：

```
Bundle bundle=new Bundle();
bundle.putSerializable("videolist",mediaItems);
intent.putExtras(bundle);// 将视频列表传递给视频播放器
```

目标 Activity 中获取参数值，参考代码如下：

```
mediaItems=(ArrayList<MediaItem>)getIntent().getSerializableExtra("videolist");
```

任务 3.3　视频的播放和暂停

3.3.1　任务描述

在视频播放器界面左下角有一个"播放/暂停"按钮，当视频是播放状态时，显示为暂停状态，单击它可以暂停视频并显示为播放状态；当视频是暂停状态时，显示为播放状态，单击它可以播放视频并显示为暂停状态，如图 3-3-1 所示。

图 3-3-1　视频播放/暂停按钮

3.3.2　任务实施

首先使用 find 控件，然后为"播放/暂停"按钮添加事件处理，实现视频的播放和暂停，核心参考代码如下：

```
btn_start_pause=findViewById(R.id.btn_start_pause);
btn_start_pause.setOnClickListener(this);
public void onClick(View v){// 单击事件的事件处理者
  switch(v.getId()){
    case R.id.btn_start_pause:
      playAndPause();
    break;
}
private void playAndPause(){
  // 实现视频暂停
  if(vv_player.isPlaying()){
    vv_player.pause();
```

```
    //显示为播放按钮
    btn_start_pause.setBackgroundResource(R.drawable.btn_video_start_
selector);
  }else{
    vv_player.start();
    //显示为暂停按钮
    btn_start_pause.setBackgroundResource(R.drawable.btn_video_pause_
selector);
  }
```

任务 3.4　SeekBar 更新视频播放进度

3.4.1　任务描述

当播放视频时，在控制面板下面的视频进度 SeekBar 会随着视频的播放进行更新，直到当前视频播放完毕，如图 3-4-1 所示。

图 3-4-1　SeekBar 更新

3.4.2　任务实施

此处 SeekBar 的更新可以使用 Handler 来实现，在视频准备好进行播放时，发送一个更新 SeekBar 的消息，然后在消息处理中再每隔 1 秒发送一个更新 SeekBar 的消息，通过消息的反复发送达到更新 SeekBar 的目的。

在控制面板左下角有一个视频当前播放进度 / 剩余时间的显示，这个时间也是每隔 1 秒进行更新，可以一起在 SeekBar 更新中完成。另外在控制面板右上角可以加入系统时间的显示，此处系统时间也是每隔 1 秒进行更新，在此处一起处理。

STEP 1：初始化 SeekBar 数据并发送消息。

在视频准备好监听 onPrepared() 方法中加入如下核心代码，主要功能是完成视频总时长的获取和更新 SeekBar 的消息的发送。

```
// 视频总时长
int duration=videoView.getDuration();// 或者 mp.getDuration();
seekbarVideo.setMax(duration);
tvDuration.setText(utils.stringForTime(duration));
handler.sendEmptyMessage(1);
```

STEP 2：将毫秒转换为时分秒格式。

由于获取到的视频总时长单位为毫秒，所以当显示在标签中的时候需要将它转化为 hh：mm：ss 的格式，此处使用 stringForTime() 方法完成时间格式的转换。核心代码如下：

```
public String getGapTime(long time)
    {
        // 得到小时数
        long hours=time/(1000*60*60);
        // 得到分钟数
 long minutes=hours*60+(time-hours*(1000*60*60))/(1000*60);
        // 得到秒数
        long second=time/1000-hours*60*60-minutes*60;
        String strMinutes="";
        String strSecond="";
        strMinutes=minutes<10?"0"+minutes:""+minutes;
    strSecond=second<10?"0"+second:""+second;
        return strMinutes+":"+strSecond;
}
```

STEP 3：处理消息，创建 handler 处理消息。参考代码如下：

```
private Handler handler=new Handler(){
    @Override
    public void handleMessage(Message msg){
        super.handleMessage(msg);
        switch(msg.what){
            case1:
            //1.得到当前的视频播放进度
            int currentPosition=videoView.getCurrentPosition();
            //2.seekbar.setProgress(当前进度)
            seekbarVideo.setProgress(currentPosition);
            // 更新文本播放进度
            tvCurrentTime.setText(utils.stringForTime(currentPosition));
```

```
tv_duration.setText(utils.stringForTime(vv_player.getDuration()-
vv_player.getCurrentPosition()));
            //设置系统时间
            Date d=new Date();//英文年月日星期上午时:分:秒
SimpleDateFormat simpleDateFormat=new SimpleDateFormat("hh:mm:ss");//
生成一个格式类
String strd=simpleDateFormat.format(d);//hh:mm:ss
curr_time.setText(strd);//为显示系统时间的标签设置文本
            handler.sendEmptyMessageDelayed(1,1000);
        }
    }
}
```

任务 3.5　SeekBar 实现视频拖动

3.5.1　任务描述

在控制面板中可以拖拽显示视频进度的 SeekBar 进行视频进度的调节。

3.5.2　任务实施

STEP 1：为调节视频的 SeekBar 注册监听器。参考代码如下：

```
seekbarVideo.setOnSeekBarChangeListener(new VideoOnSeekBarChangeListener());
```

STEP 2：创建内部类 VideoOnSeekBarChangeListener 处理事件监听。核心参考代码如下：

```
private class VideoOnSeekBarChangeListener implements SeekBar.OnSeekBarChangeListener{
    //当手指滑动的时候，会引起seekbar进度的变化，回调这个方法。由于用户引起的fromuser为true,不是用户引起的为false
    @Override
    public void onProgressChanged(SeekBar seekBar,int progress,boolean fromUser){
```

```
        if(fromUser){
           videoView.seekTo(progress);
        }
     }
// 当手指触碰的时候回调此方法
     @Override
     public void onStartTrackingTouch(SeekBar seekBar){
           }
     // 当手指离开的时候回调此方法
     @Override
     public void onStopTrackingTouch(SeekBar seekBar){
           }
   }
```

3.5.3 任务拓展

1．SeekBar 添加事件监听

在拖动条的任何地方按下鼠标左键时先调用 onStartTrackingTouch 一次，再调用 onProgressChanged 一次。以后每拖动一下调用 onProgressChanged 一次。松开鼠标左键时调用 onStopTrackingTouch 一次。

（1）onProgressChanged（SeekBar seekBar，int i，boolean fromUser）：进度发生改变时会触发；

fromUser 参数，当触发这个参数是由于用户拖拽行为造成的，那么 fromUser 就为 True；如果是因为代码更新 SeekBar 的位置造成的，那么 fromUser 为 false。

（2）onStartTrackingTouch：按住 SeekBar 时触发；

（3）onStopTrackingTouch：放开 SeekBar 时触发。

2．视频快进/快退

为快进和快退按钮添加事件处理，加入如下的核心代码，实现视频快进与快退15秒。

```
case R.id.fast:
  // 实现视频的快进
  vv_player.seekTo(vv_player.getCurrentPosition()+15000);//
   break;
case R.id.slow:
  // 实现视频的快退
  vv_player.seekTo(vv_player.getCurrentPosition()-15000);//
   break;
```

增加的视频播放功能

任务描述:

任务实施:

核心代码:

增加的视频播放功能

任务描述：

任务实施：

核心代码：

学习性工作任务单

学习场	视频播放模块		
学习情境	实现视频播放		
学习任务	实现视频播放	学时	10 学时
典型工作过程描述	获取视频－播放视频－视频播放时 SeekBar 更新		
学习目标	1. 能够从手机存储或者网络中读取视频数据并显示； 2. 进一步熟悉适配器编写； 3. 掌握 ContentResolver 的使用； 4. 掌握安卓中 App 权限的设置； 5. 理解与掌握 Activity 之间传递参数的方法； 6. 能够播放与暂停视频； 7. 初步了解 Handler 的作用，实现视频播放时 SeekBar 更新； 8. 了解 SeekBar 添加事件处理机制		
任务描述	1. 能够使用 ContentResolver 读取手机存储中的视频数据并显示在界面上； 2. 能够使用网络请求读取网络中的视频数据并显示在界面上； 3. 当选择一个视频后能够进行视频播放与暂停； 4. 当视频播放时，在视频控制面板中的 SeekBar 能够跟随进度自动更新； 5. 在 SeekBar 上进行拖拽时能够对视频的播放进度进行控制； 6. 能够获取视频的缩略图或者从网络中读取视频的图片并显示； 7. 实现视频的快退与快进功能		
学时安排	资讯 0.5 学时	计划 0.5 学时	决策 0.5 学时	实施 8 学时	检查与评价 0.5 学时
对学生的要求	1. 掌握 ContentResolver 的使用或者掌握一种网络请求的实现方式； 2. 能够实现播放本地视频或者网络视频； 3. 掌握 Handler 的初步使用； 4. 能够实现视频播放时 SeekBar 自动更新； 5. 能够发挥自己的创意，为视频播放模块设置更合理、美观的界面； 6. 提高代码的编写能力； 7. 提高程序调试能力； 8. 提高阅读文档与团队合作能力		
参考资料	活页式教材 校外网站		

资讯单

学习场	视频播放模块		
学习情境	实现视频播放		
学习任务	实现视频播放	学时	0.5 学时
典型工作过程描述	获取视频—播放视频—视频播放时 SeekBar 更新		
搜集资讯的方式	1. 教师讲解； 2. 互联网查询； 3. 同学交流		
资讯描述	查看教师提供的资料或者网络获取内容，完成视频播放及相关功能		
对学生的要求	带好个人计算机及计划书； 课前做好充分的预习		
参考资料	课件、活页式教材		

分组单

学习场	视频播放模块			
学习情境	实现视频播放			
学习任务	实现视频播放		学时	0.5 学时
典型工作过程描述	获取视频—播放视频—视频播放时 SeekBar 更新			
分组情况	组别	组长	组员	
分组说明				
班级		教师签字		日期

计划单

学习场	视频播放模块			
学习情境	实现视频播放			
学习任务	实现视频播放	学时	0.5学时	
典型工作过程描述	获取视频－播放视频－视频播放时SeekBar更新			
计划制定的方式				
序号	工作步骤		注意事项	
计划评价	班级		第____组	组长签字
	教师签字		日期	
	评语：			

模块3 实现视频播放

决策单

学习场	视频播放模块			
学习情境	实现视频播放			
学习任务	实现视频播放		学时	0.5 学时
典型工作过程描述	获取视频—播放视频—视频播放时 SeekBar 更新			
计划对比				

序号	计划的可行性	计划的经济性	计划的可操作性	计划的实施难度	综合评价
1					

决策评价	班级		第＿＿＿组	组长签字	
	教师签字		日期		
	评语：				

实施单

学习场	视频播放模块		
学习情境	实现视频播放		
学习任务	实现视频播放	学时	0.5 学时
典型工作过程描述	获取视频－播放视频－视频播放时 SeekBar 更新		
序号	实施步骤	注意事项	

实施说明：

实施评价	班级		第_____组	组长签字	
	教师签字		日期		
	评语：				

检查与评价单

学习场	视频播放模块			
学习情境	实现视频播放			
学习任务	实现视频播放		学时	0.5 学时
典型工作过程描述	获取视频－播放视频－视频播放时 SeekBar 更新			
评价项目	评价子项目	学生自评	组内评价	教师评价
视频的读取与显示	1. 本地视频的读取； 2. 网络视频的读取； 3. 视频显示界面效果			
视频的播放与暂停	1. 实现视频的播放； 2. 实现视频的暂停			
SeekBar 自动更新	1. 视频播放时 SeekBar 自动更新； 2. 为 SeekBar 添加拖动事件处理，调整视频的播放进度			
附加功能	1. 视频播放中是否添加了其他功能； 2. 显示视频列表的界面优化效果			
最终结果				
评价	班级： 第＿＿＿组 组长签字： 教师签字： 日期： 评语：			

模块 4

视频播放高级控制

任务 4.1　播放上 / 下一个视频

4.1.1　任务描述

在控制面板下端有一个播放下一个视频的按钮，单击此按钮后播放下一个视频，如果当前视频是最后一个视频，则此按钮为不可用状态（图 4-1-1）。

图 4-1-1　下一个视频

4.1.2　任务实施

STEP 1：为播放下一个视频按钮添加 OnClickListener 事件监听。在事件处理中完成播放下一个视频功能。核心参考代码如下：

```
private void playNextVideo(){
if(position<mediaItems.size()-1)
{
    position++;//position=position+1
mediaItem=mediaItems.get(position);
vv_player.setVideoPath(mediaItem.getData());
    setImage();// 设置按钮状态
}
}
```

STEP 2：完成 setImage 方法的编写，设置下一个 / 上一下按钮的状态。

（1）当只有一个视频时，下一个 / 上一下按钮都不可用。

（2）当有两个视频且当前播放的是第一个视频时，上一个按钮不可用，下一个按钮可用；当前播放的是第二个视频时，上一个按钮可用，下一个按钮不可用。

（3）当有三个及三个以上视频且当前播放的是第一个视频时，上一个按钮不可用，下一个按钮可用；当前播放的是最后一个视频时，上一个按钮可用，下一个按钮不可用；当前播放的是中间视频时，上一个 / 下一个按钮都可用。

```
private void setImage(){
if(position==0){// 当前是第一个视频
```

```
      pre.setImageResource(R.drawable.previous_gray);//灰
   }
   if(position!=0){// 当前不是第一个视频
      pre.setImageResource(R.drawable.previous_selector);//不灰
   }
   if(position==videoList.size()-1){//// 当前是最后一个视频
      next.setImageResource(R.drawable.btn_next_gray);//灰
   }
   if(position!=videoList.size()-1){//// 当前不是最后一个视频
      next.setImageResource(R.drawable.next_selector);//不灰
   }
}
```

STEP 3：在 VideoView 控件的播放完毕事件监听 onCompletion () 方法中，也调用 playNextVideo ()，即当一个视频播放完毕后立刻播放下一个视频。

```
// 视频播放完毕监听
vv_player.setOnCompletionListener(new MediaPlayer.
OnCompletionListener(){
   @Override
   public void onCompletion(MediaPlayer mp){
      // 播放下一个
playNextVideo();
   }
});
```

STEP 4：播放上一个视频的过程与播放下一个视频类似，请读者自己添加上一个视频控件的事件监听，并参考如下代码实现上一个视频功能。

```
private void playPreVideo(){
if(position>=0)
   {
   position--;//position=position-1
   mediaItem=mediaItems.get(position);
   vv_player.setVideoPath(mediaItem.getData());
   setImage();// 设置按钮状态
   }
}
```

任务 4.2　SeekBar 调整声音的大小

4.2.1　任务描述

在视频控制面板上部有调节声音的 SeekBar，拖动滑块可以进行音量的调节，当音量为 0 时，左侧的按钮显示为静音按钮，如图 4-2-1 所示。

图 4-2-1　调整声音 SeekBar

4.2.2　任务实施

STEP 1：初始化 SeekBar，设置最大值为音量的最大值，核心代码如下：

```
// 实例化音量管理
audioManager=(AudioManager)getSystemService(AUDIO_SERVICE);
// 得到当前的音量
currentVolume=audioManager.getStreamVolume(AudioManager.STREAM_MUSIC);
maxVolume=audioManager.getStreamMaxVolume(AudioManager.STREAM_MUSIC);
seekbar_voice.setProgress(currentVolume);// 为 SeekBar 设置当前音量
seekbar_voice.setMax(maxVolume);// 为 SeekBar 设置最大音量
```

STEP 2：为 SeekBar 添加事件监听，核心代码如下：

```
public void onProgressChanged(SeekBar seekBar,int progress,boolean fromUser){
  // 设置当前音量为 progress
  if(fromUser){
    seekbar_voice.setProgress(progress);
    audioManager.setStreamVolume(AudioManager.STREAM_MUSIC,progress,0);
    currentVolume=progress;// 记录当前音量的值
```

```
    if(progress==0){
      btn_voice.setBackgroundResource(R.drawable.mute);
    }else{
      btn_voice.setBackgroundResource(R.drawable.voice);
    }
  }
}
```

STEP 3：为静音按钮添加事件监听，实现静音 / 非静音两个状态的切换，核心代码如下：

```
if(!mute){// 如果没静音
  audioManager.setStreamVolume(AudioManager.STREAM_MUSIC,0,0);//调整音量为 0
  seekbar_voice.setProgress(0);// 设置 SeekBar 显示在 0 的位置
  btn_voice.setBackgroundResource(R.drawable.mute);
  mute=true;
}else{// 如果当前为静音状态
  audioManager.setStreamVolume(AudioManager.STREAM_MUSIC,currentVolume,0);// 调整音量为 0
  seekbar_voice.setProgress(currentVolume);
  btn_voice.setBackgroundResource(R.drawable.voice);
  mute=false;
}
```

任务 4.3　开 / 锁屏的实现

4.3.1　任务描述

在控制面板右侧，有一个开 / 锁屏幕按钮，开屏时屏幕响应用户的触屏事件监听，锁屏时不响应，图 4-3-1 所示是开 / 锁屏按钮的两种不同状态。

图 4-3-1　开 / 锁屏按钮

4.3.2 任务实施

STEP 1：在开/锁屏按钮的事件监听中添加如下核心代码，实现开/锁屏两种状态的切换，其中 lock 和 lock2 都为全局变量，lock 用来记录开/锁屏状态，lock2 也用来记录开/锁屏状态，并在 STEP 2 中用在触屏事件监听中。

```java
if(!lock){// 如果当前是开屏状态
    // 将按钮图片更换为锁屏
    // 将控制面板隐藏
    rl_root.setVisibility(View.GONE);
    iv_unlock.setImageResource(R.drawable.lock);
    lock2=true;
    lock=true;
}else{
    // 将按钮图片更换为开屏
    // 将控制面板显示
    rl_root.setVisibility(View.VISIBLE);
    iv_unlock.setImageResource(R.drawable.unlock);
    handler.removeMessages(2);
    handler.sendEmptyMessageDelayed(2,5000);
    lock=false;
    lock2=false;
}
```

STEP 2：当处于锁屏状态时，使屏幕不能监听用户的触屏事件监听，此处使用 lock2 变量来进行判断，核心代码如下：

```java
public boolean onTouchEvent(MotionEvent event){
if(lock2){// 锁屏了
    return super.onTouchEvent(event);
}else{// 没锁屏
return gestureDetector.onTouchEvent(event);// 完成手势识别的转移
}
}
```

任务 4.4 横竖屏切换

4.4.1 任务描述

在视频控制面板下端有一个设置视频横竖屏的按钮，可以让视频在横屏和竖屏之间切换，如图 4-4-1 所示。

图 4-4-1 "横屏/竖屏切换"按钮

4.4.2 任务实施

STEP 1：编写自定义控件 VideoView，添加 setVideoSize 方法，核心代码如下：

```
public class VideoView extends android.widget.VideoView{
  public VideoView(Context context){
    this(context,null);
  }
  public VideoView(Context context,AttributeSet attrs){
    this(context,attrs,0);
  }
   public VideoView(Context context,AttributeSet attrs,int defStyleAttr){
    super(context,attrs,defStyleAttr);
  }
  @Override
   protected void onMeasure(int widthMeasureSpec,int heightMeasureSpec){
    super.onMeasure(widthMeasureSpec,heightMeasureSpec);
    setMeasuredDimension(widthMeasureSpec,heightMeasureSpec);
  }
  public void setVideoSize(int width,int height){
    ViewGroup.LayoutParams params=getLayoutParams();
    params.width=width;
```

```
    params.height=height;
    setLayoutParams(params);
  }
}
```

STEP 2：在布局界面中引用这个新的自定义控件，核心代码如下：

```
<com.example.movierj186.util.VideoView
    android:id="@+id/vv_player"
    android:layout_width="match_parent"
    android:layout_height="match_parent"
    android:layout_centerInParent="true"
    >
</com.example.movierj186.util.VideoView>
```

STEP 3：得到屏幕的宽和高，用于切换后设置显示的视频尺寸。

```
  private int screenWidth=0;
  private int screenHeight=0;
DisplayMetrics displayMetrics=new DisplayMetrics();
    getWindowManager().getDefaultDisplay().getMetrics(display
Metrics);
    screenWidth=displayMetrics.widthPixels;
    screenHeight=displayMetrics.heightPixels;
```

STEP 4：为"横屏/竖屏"按钮添加事件监听，调用横屏或者竖屏的方法。

```
if(fullScreen){// 如果当前是全屏的话
  portrait();// 设置视频竖屏
  full_screen.setImageResource(R.drawable.fullscreen);
  fullScreen=false;
}else{
  landscape();// 设置视频为横屏
  full_screen.setImageResource(R.drawable.normalsrceen);
  fullScreen=true;
}
```

其中设置竖屏显示方法参考代码如下：

```
void portrait(){// 竖屏
    setRequestedOrientation(ActivityInfo.SCREEN_ORIENTATION_
```

```
PORTRAIT);
    DisplayMetrics displayMetrics=new DisplayMetrics();
    getWindowManager().getDefaultDisplay().getMetrics(display
Metrics);
    screenWidth=displayMetrics.widthPixels;// 屏幕的宽
    screenHeight=displayMetrics.heightPixels;// 屏幕的高
Constraints.LayoutParams layoutParams=new Constraints.LayoutParams
(ViewGroup.LayoutParams.MATCH_PARENT,0);
    rl.setLayoutParams(layoutParams);
    tv_content.setVisibility(View.VISIBLE);
RelativeLayout.LayoutParams layoutParams1=new RelativeLayout.
    LayoutParams(screenWidth,screenWidth/2);
    rl_root.setLayoutParams(layoutParams1);
    vv_player.setVideoSize(screenWidth,screenWidth/2);
}
```

设置全屏显示方法参考代码如下：

```
void landscape(){// 横屏
    // 获取屏幕的宽、高的方法
    setRequestedOrientation(ActivityInfo.SCREEN_ORIENTATION_
LANDSCAPE);
    Constraints.LayoutParams layoutParams=new Constraints.
LayoutParams(ViewGroup.LayoutParams.MATCH_PARENT,ViewGroup.
LayoutParams.MATCH_PARENT);
        rl.setLayoutParams(layoutParams);// 设置视频显示和控件面板区域的尺寸
    DisplayMetrics displayMetrics=new DisplayMetrics();
    getWindowManager().getDefaultDisplay().getMetrics(display
Metrics);
    screenWidth=displayMetrics.widthPixels;// 屏幕的宽
    screenHeight=displayMetrics.heightPixels;// 屏幕的高
RelativeLayout.LayoutParams layoutParams1=new RelativeLayout.Layou
tParams(screenWidth,screenHeight);
    rl_root.setLayoutParams(layoutParams1);// 设置控件面板的尺寸
    tv_content.setVisibility(View.GONE);// 设置视频下面的区域不显示
    vv_player.setVideoSize(screenWidth,screenHeight);// 将视频全屏
}
```

任务 4.5 视频播放时的拍照功能

4.5.1 任务描述

在播放视频时,单击屏幕右侧的拍照功能图片,会对当前视频的图像进行拍照,拍照后将图片保存到手机的存储中。

4.5.2 任务实施

STEP 1:为拍照按钮添加 OnClickListener 事件处理。

核心代码与之前获取视频的缩略图类似,之前是获取固定某一时间戳的图片,此处将固定时间修改为视频当前播放进度的时间戳即可。核心参考代码如下。

```
MediaMetadataRetriever media=new MediaMetadataRetriever();
media.setDataSource(mediaItem.getData());
Bitmap bitmap=media.getFrameAtTime(vv_player.getCurrentPosition()*1000,MediaMetadataRetriever.OPTION_CLOSEST_SYNC);
Toast.makeText(SystemVideoPlayer.this,"已拍照保存",Toast.LENGTH_SHORT).show();
saveImageToGallery(SystemVideoPlayer.this,bitmap);
```

STEP 2:将图片保存到手机存储中。参考代码如下:

```
public static void saveImageToGallery(Context context,Bitmap bmp){
  // 首先保存图片
  File appDir=new File(Environment.getExternalStorageDirectory(),"Pictures");
  if(!appDir.exists()){
    appDir.mkdir();
  }
  String fileName=System.currentTimeMillis()+ ".jpg";
  File file=new File(appDir,fileName);
  try{
```

```
    FileOutputStream fos=new FileOutputStream(file);
    bmp.compress(Bitmap.CompressFormat.JPEG,100,fos);
    fos.flush();
    fos.close();
  }catch(FileNotFoundException e){
   e.printStackTrace();
  }catch(IOException e){
   e.printStackTrace();
  }
  //最后通知图库更新
  context.sendBroadcast(new Intent(Intent.ACTION_MEDIA_SCANNER_
SCAN_FILE,Uri.parse(file.getAbsolutePath())));

}
```

【温馨提示】现在大多数人使用手机除了使用聊天工具、应用软件等完成必要的工作内容以外,其余时间一般会使用手机浏览新闻、打游戏、听故事或看视频。随着使用手机时间的增多,人的身体和眼睛会受到一定的伤害。读者可以根据实际情况开发视频建议功能,如视频播放时长的建议、播放亮度和音量的建议,或者增加身份验证登录功能,对于未成年人使用手机观看视频限制使用时间等功能。

增加的视频控制功能

任务描述：

任务实施：

核心代码：

增加的视频控制功能

任务描述：

任务实施：

核心代码：

学习性工作任务单

学习场	视频播放控制模块		
学习情境	视频播放控制		
学习任务	视频播放控制	学时	10 学时
典型工作过程描述	上/下一个视频－调整声音－开/锁屏－调整视频大小－拍照		
学习目标	1. 掌握 Activity 之间复杂的参数传递方法； 2. 掌握 AudioManager 的使用方法； 3. 掌握调整视频大小的方法； 4. 掌握控件与布局显示/隐藏的方法； 5. 了解 MediaMetadataRetriever 的使用； 6. 了解 BroadcastReceiver 的使用		
任务描述	1. 能够实现上/下一个视频功能； 2. 使用视频控制面板中的调整声音 SeekBar 调整视频声音； 3. 使用手机调整音量键调整视频的声音； 4. 实现开/锁屏的功能； 5. 实现视频全屏播放； 6. 实现视频等比例大小播放； 7. 实现视频播放时的截屏或者拍照功能； 8. 使用广播监听电池电量的变化		
学时安排	资讯 0.5 学时	计划 0.5 学时　　决策 0.5 学时　　实施 8 学时	检查与评价 0.5 学时
对学生的要求	1. 能够实现视频控制相关功能； 2. 熟练掌握 Android Studio 的使用，并对使用过程中出现的问题能够快速解决； 3. 能够实现更多的视频控制功能； 4. 提高编写、开发与调试程序的能力； 5. 提高阅读文档与分析问题的能力； 6. 提高团队合作的能力		
参考资料	活页式教材 校外网站		

模块 4　视频播放高级控制

资讯单

学习场	视频播放控制模块		
学习情境	视频播放控制		
学习任务	视频播放控制	学时	0.5 学时
典型工作过程描述	上／下一个视频－调整声音－开／锁屏－调整视频大小－拍照		
搜集资讯的方式	1. 教师讲解； 2. 互联网查询； 3. 同学交流		
资讯描述	查看教师提供的资料或者从网络获取内容，完成视频的控制功能		
对学生的要求	带好个人计算机及计划书；课前做好充分的预习		
参考资料	课件、活页式教材		

分组单

学习场	视频播放控制模块				
学习情境	视频播放控制				
学习任务	视频播放控制			学时	0.5 学时
典型工作过程描述	上／下一个视频－调整声音－开／锁屏－调整视频大小－拍照				
分组情况	组别	组长	组员		
分组说明					
班级		教师签字		日期	

计划单

学习场	视频播放控制模块			
学习情境	视频播放控制			
学习任务	视频播放控制		学时	0.5学时
典型工作过程描述	上/下一个视频－调整声音－开/锁屏－调整视频大小－拍照			
计划制定的方式				

序号	工作步骤		注意事项	

计划评价	班级		第____组	组长签字	
	教师签字		日期		
	评语:				

决策单

学习场	视频播放控制模块		
学习情境	视频播放控制		
学习任务	视频播放控制	学时	0.5 学时
典型工作过程描述	上/下一个视频－调整声音－开/锁屏－调整视频大小－拍照		
计划对比			

序号	计划的可行性	计划的经济性	计划的可操作性	计划的实施难度	综合评价
1					

	班级		第_____组	组长签字	
	教师签字		日期		
决策评价	评语：				

实施单

学习场	视频播放控制模块		
学习情境	视频播放控制		
学习任务	视频播放控制	学时	0.5 学时
典型工作过程描述	上/下一个视频－调整声音－开/锁屏－调整视频大小－拍照		
序号	实施步骤	注意事项	
实施说明:			

实施评价	班级		第＿＿＿组		组长签字	
	教师签字		日期			
	评语:					

检查与评价单

学习场	视频播放控制模块			
学习情境	视频播放控制			
学习任务	视频播放控制		学时	0.5 学时
典型工作过程描述	上/下一个视频－调整声音－开/锁屏－调整视频大小－拍照			
评价项目	评价子项目	学生自评	组内评价	教师评价
上/下一个视频的控制	1. 实现上一个视频的播放； 2. 实现下一个视频的播放			
声音的控制	1. 使用 SeekBar 控制声音； 2. 使用手机音量键控制声音			
开/锁屏控制	实现开/锁屏功能			
视频大小控制	1. 实现视频的全屏播放； 2. 实现视频的等比例播放			
截屏/拍照功能	实现视频播放时的拍照功能			
最终结果				
评价	班级		第____组	组长签字	
	教师签字		日期		
	评语：				

模块 5

视频触屏控制

任务 5.1　手势识别——长按屏幕实现视频播放和暂停

5.1.1　任务描述

在视频播放时，长按屏幕中的空白位置，如果当前视频为播放状态，长按则暂停；如果当前视频为暂停状态，长按则播放。

5.1.2　任务实施

STEP 1：创建 GestureDetector 类型对象，完成长按事件监听，调用实现"播放/暂停"按钮时的方法 playAndPause，参考代码如下：

```
gestureDetector=new GestureDetector(this,new GestureDetector.
OnGestureListener(){
    @Override
  public void onLongPress(MotionEvent e){// 长按
    // 判断视频是播放的，就暂停；视频是暂停的，就播放
    playAndPause();
  });
```

STEP 2：在 Activity 中实现 onTouch() 方法完成手势事件监听的转移。

```
public boolean onTouchEvent(MotionEvent event){
return gestureDetector.onTouchEvent(event);// 完成手势识别的转移
}
```

任务 5.2　控制面板自动延迟隐藏

5.2.1　任务描述

在视频播放界面，如果此时为未锁屏状态，当用手指触碰屏幕时视频控制面板出

现，再次单击控制面板消失；如果当用户单击显示控制面板后，5秒钟没有再次单击，则控制面板自动隐藏（图 5-2-1）。

图 5-2-1　控制面板显示/隐藏效果

5.2.2　任务实施

STEP 1：在触屏事件的单击事件监听中编写如下核心代码，其中 lock 为全局变量，用来存储控制面板的显示/隐藏状态。如果当前控制面板为隐藏状态，单击屏幕则显示面板，并延迟5秒发送一个消息，用来实现5秒后自动隐藏面板；如果当前控制面板为显示状态，单击屏幕则隐藏面板。

```
public boolean onSingleTapUp(MotionEvent e){// 当单击抬起
if(!lock){// 如果当前是开屏状态
    // 将控制面板隐藏
    rl_root.setVisibility(View.GONE);
    lock=true;
}else{
```

```
    rl_root.setVisibility(View.VISIBLE);//将控制面板显示
    handler.removeMessages(2);
    handler.sendEmptyMessageDelayed(2,5000);
    lock=false;
}
return false;
}
```

STEP 2：在 handler 中处理消息 2，当收到消息后隐藏面板。参考代码如下：

```
switch(msg.what){
case 2:
    rl_root.setVisibility(View.GONE);//隐藏控制面板
    lock=true;
    break;
}
```

STEP 3：至此当单击屏幕时已经能够实现控制面板的显示与隐藏，但是当我们在控制面板上进行 SeekBar 的拖拽超过 5 秒时，控制面板会消失。为解决此问题可以在 SeekBar 的事件处理中添加如下代码，即当手指触碰 SeekBar 时移除 2 消息，当手指离开 SeekBar 时再进行 2 消息的发送。

```
//当手指触碰的时候回调此方法
    @Override
    public void onStartTrackingTouch(SeekBar seekBar){
        handler.removeMessages(2);
    }
    //当手指离开的时候回调此方法
    @Override
    public void onStopTrackingTouch(SeekBar seekBar){
    handler.sendEmptyMessageDelayed(2,5000);
    }
```

同样，在单击控制面板中的任何一个按钮超过 5 秒钟后都会出现这种情况，所以在按钮的事件监听中也需要做相同的处理，先移除消息，再发送消息。参考代码如下：

```
handler.removeMessages(2);
handler.sendEmptyMessageDelayed(2,5000);
```

任务 5.3　双击屏幕改变视频大小

5.3.1　任务描述

如果屏幕处于未锁屏状态，在屏幕空白位置双击，可以在视频横屏和竖屏之间切换。如果当前视频是横屏状态，双击屏幕后变成竖屏播放；如果当前视频是竖屏播放，双击屏幕后变成横屏播放。

5.3.2　任务实施

在双击事件监听方法中加入横屏或者竖屏播放的方法即可，核心代码如下：

```
public boolean onDoubleTap(MotionEvent e){
  if(FULLSCREEN){
    portrait();
    FULLSCREEN=false;
  }
  else{
    landscape();
    FULLSCREEN=true;
  }
  return super.onDoubleTap(e);
}
```

任务 5.4　滑动屏幕改变声音大小

5.4.1　任务描述

如果屏幕处于未锁屏状态，在手机屏幕右半侧空白位置，手指上下滑动屏幕可以实现音量的调节，向上滑动增加音量，向下滑动减少音量。

5.4.2 任务实施

在 onTouchEvent 方法的未锁屏的事件处理中,添加如下的核心代码,实现触屏音量调节。

```
if(lock2){// 锁屏了
  return super.onTouchEvent(event);
}else{/// 没锁屏
  switch(event.getAction()){
  case MotionEvent.ACTION_DOWN:// 当按下时
    starty=event.getY();// 得到纵坐标
    mvol=audioManager.getStreamVolume(AudioManager.STREAM_MUSIC);
// 得到当前的音量
    touchRang=Math.min(screenHeight,screenWidth);// 总距离
    break;
  case MotionEvent.ACTION_MOVE:
    if(startX<screenWidth/2){

 float endy=event.getY();/// 得到 move 后的纵坐标
    float distancey=starty-endy;// 改变的距离,距离有可能是正的,也有可能是负的
    float delta=(distancey/touchRang)*maxVolume;// 改变的音量
    int voice=(int)Math.min(Math.max(mvol+delta,0),maxVolume);// 改变之后的音量
    if(delta!=0){
      seekbar_voice.setProgress(voice);
      audioManager.setStreamVolume(AudioManager.STREAM_USIC,voice,0);
    }
}
}
  return gestureDetector.onTouchEvent(event);// 完成手势识别的转移
}
```

其中 starty、mvol、touchRang 都是全局变量,分别表示起始点坐标、当前音量、总距离,初始值都为 0。

任务 5.5　滑动屏幕实现屏幕亮度的调节

5.5.1　任务描述

在手机屏幕右半侧空白位置，手指上下滑动屏幕可以实现屏幕亮度的调节，向上滑动增加亮度，向下滑动降低亮度。

5.5.2　任务实施

在 onTouchEvent 方法中，监听手指移动的位置添加如下的核心代码，实现屏幕亮度的调节。

```
case MotionEvent.ACTION_MOVE://手指移动
    if(startX<screenWidth/2){
        //改变声音=(滑动屏幕的距离/总距离)*音量最大值
        //最终声音=原来的+改变声音
    }else{
        getSystemBrightness();
        int brightnessnum=(int)((distanceY/touchRang)*255);
        changeAppBrightness(getSystemBrightness()+brightnessnum);
    }
```

其中获取系统亮度方法 getSystemBrightness() 代码如下：

```
private int getSystemBrightness(){
    int systemBrightness=0;
    try{
        systemBrightness=Settings.System.getInt(getContentResolver(),Settings.System.SCREEN_BRIGHTNESS);
    }catch(Settings.SettingNotFoundException e){
        e.printStackTrace();
    }
    return systemBrightness;
}
```

其中改变 App 当前 Window 亮度方法 changeAppBrightness 代码如下：

```
public void changeAppBrightness(int brightness){
    Window window=this.getWindow();
    WindowManager.LayoutParams lp=window.getAttributes();
        lp.screenBrightness=(brightness <=0 ? 1 :brightness)/255f;
        window.setAttributes(lp);
}
```

5.5.3　任务拓展

Android 亮度调节分为 3 个层次，分别是 Android 系统亮度调节、Android App 亮度调节和 Android 当前屏幕（Window）亮度调节。

1．Android 系统亮度调节

Android 系统亮度调节，常见于系统设置中的亮度设置项。Android 中提供了获取和设置系统亮度值（"手动模式下的亮度值"）的接口，具体如下：

```
// 获取系统亮度
Settings.System.getInt(getContentResolver(),Settings.System.SCREEN_BRIGHTNESS);
// 设置系统亮度
Settings.System.putInt(getContentResolver(),Settings.System.SCREEN_BRIGHTNESS,systemBrightness);
```

其中，需要注意的是返回的亮度值是 0～255 的整形数值。

2．Android 当前屏幕（Window）亮度调节

Android 针对当前屏幕（Window）提供了设置亮度的接口，常见写法如下：

```
Window window=activity.getWindow();
WindowManager.LayoutParams lp=window.getAttributes();
lp.screenBrightness=brightness;
window.setAttributes(lp);
```

其中，需要注意的是此处的 brightness 是一个 0.0～1.0 的 float 类型数值。

增加的视频触屏功能

任务描述:

任务实施:

核心代码:

增加的视频触屏功能

任务描述：

任务实施：

核心代码：

模块 5 视频触屏控制

学习性工作任务单

学习场	触屏控制模块		
学习情境	视频播放时的触屏控制		
学习任务	视频播放时的触屏控制	学时	10 学时
典型工作过程描述	长按播放/暂停－单击显示/隐藏控制面板－双击调整视频大小－滑动改变声音/亮度		
学习目标	1. 熟练掌握并使用 GestureDetector 事件监听； 2. 进一步理解并使用 Handler； 3. 进一步理解 onTouchEvent 方法的使用； 4. 掌握调整屏幕亮度的方法		
任务描述	1. 为视频播放界面添加手势事件监听； 2. 实现长按播放/暂停视频播放； 3. 实现单击显示/隐藏控制面板； 4. 实现双击调整视频大小，在全屏和等比例播放之间切换； 5. 在屏幕右侧上/下滑动屏幕调整声音的大小； 6. 在屏幕左侧上/下滑动屏幕调整视频的亮度； 7. 能够让其他应用调用自己的播放器		
学时安排	资讯 0.5 学时	计划 0.5 学时	决策 0.5 学时	实施 8 学时	检查与评价 0.5 学时
对学生的要求	1. 能够实现视频播放时的触屏相关功能； 2. 熟练掌握 Android Studio 的使用，并对使用过程中出现的问题能够快速解决； 3. 能够实现更多的触屏视频控制功能； 4. 提高编写、开发与调试程序的能力； 5. 提高阅读文档与分析问题的能力； 6. 提高团队合作的能力		
参考资料	活页式教材 校外网站		

资讯单

学习场	触屏控制模块		
学习情境	视频播放时的触屏控制		
学习任务	视频播放时的触屏控制	学时	0.5 学时
典型工作过程描述	长按播放/暂停－单击显示/隐藏控制面板－双击调整视频大小－滑动改变声音/亮度		
搜集资讯的方式	1. 教师讲解； 2. 互联网查询； 3. 同学交流		
资讯描述	查看教师提供的资料或者网络获取内容，完成触屏事件的相关功能		
对学生的要求	1. 带好个人计算机及计划书； 2. 课前做好充分的预习		
参考资料	课件、活页式教材		

分组单

学习场	触屏控制模块				
学习情境	视频播放时的触屏控制				
学习任务	视频播放时的触屏控制		学时	0.5学时	
典型工作过程描述	长按播放/暂停－单击显示/隐藏控制面板－双击调整视频大小－滑动改变声音/亮度				
分组情况	组别	组长		组员	
分组说明					
班级		教师签字		日期	

计划单

学习场	触屏控制模块			
学习情境	视频播放时的触屏控制			
学习任务	视频播放时的触屏控制		学时	0.5学时
典型工作过程描述	长按播放/暂停－单击显示/隐藏控制面板－双击调整视频大小－滑动改变声音/亮度			
计划制定的方式				
序号	工作步骤		注意事项	
计划评价	班级		第____组	组长签字
	教师签字		日期	
	评语：			

决策单

学习场	触屏控制模块			
学习情境	视频播放时的触屏控制			
学习任务	视频播放时的触屏控制		学时	0.5学时
典型工作过程描述	长按播放/暂停－单击显示/隐藏控制面板－双击调整视频大小－滑动改变声音/亮度			

计划对比					
序号	计划的可行性	计划的经济性	计划的可操作性	计划的实施难度	综合评价
1					

决策评价	班级		第____组		组长签字	
	教师签字			日期		
	评语：					

模块5 视频触屏控制

实施单

学习场	触屏控制模块		
学习情境	视频播放时的触屏控制		
学习任务	视频播放时的触屏控制	学时	0.5学时
典型工作过程描述	长按播放/暂停－单击显示/隐藏控制面板－双击调整视频大小－滑动改变声音/亮度		
序号	实施步骤	注意事项	

实施说明：

	班级		第____组	组长签字	
实施评价	教师签字		日期		
	评语：				

检查与评价单

学习场	触屏控制模块			
学习情境	视频播放时的触屏控制			
学习任务	视频播放时的触屏控制		学时	0.5 学时
典型工作过程描述	长按播放/暂停－单击显示/隐藏控制面板－双击调整视频大小－滑动改变声音/亮度			
评价项目	评价子项目	学生自评	组内评价	教师评价
长按播放/暂停视频	1. 如果当前视频为播放状态，长按屏幕实现视频暂停； 2. 如果当前视频为暂停状态，长按屏幕实现视频播放			
单击显示/隐藏控制面板	1. 如果当前视频控制面板为显示状态，单击屏幕实现隐藏控制面板； 2. 如果当前视频控制面板为隐藏状态，单击屏幕实现显示控制面板； 3. 在控制面板显示超过 5 秒钟后，自动隐藏控制面板			
双击调整视频大小	1. 如果当前视频为全屏显示状态，双击屏幕视频切换为等比例大小； 2. 如果当前视频为等比例显示状态，双击屏幕实现视频全屏播放			
滑动改变声音/亮度	1. 在视频播放界面右半侧屏幕向上滑动屏幕，实现增加音量； 2. 在视频播放界面右半侧屏幕向下滑动屏幕，实现减少音量			
调用自己的播放器	当打开手机相册选择其中的视频时，能够调用自己的播放器进行视频播放			
最终结果				
评价	班级： ； 第＿＿＿组； 组长签字： 教师签字： 日期： 评语：			

参 考 文 献

[1] 李刚. 疯狂 Android 讲义［M］.4 版. 北京：电子工业出版社，2019.
[2] 孙国元，费园园. Android 软件工程师项目化实战教程——UI 设计篇［M］. 大连：东软电子出版社，2016.
[3] 赖红. Android 应用开发基础［M］. 北京：电子工业出版社，2020.
[4] 菜鸟教程官网［EB/OL］.https://www.runoob.com/w3cnote/android-tutorial-linearlayout.html.
[5] 中国大学 MOOC［EB/OL］.https://www.icourse163.org/learn/JXYYXX-1003741005?tid=1003963004#/learn/content.
[6] Android 开发者［EB/OL］.https://developer.android.google.cn/studio.